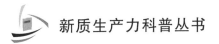

新质生产力科普丛书

U0367620

数字孪生

驱动虚拟与真实世界的数字化发展

刘湘生　姜晓彤　主　编

江苏省科学技术协会　指导编写

江苏省学会服务中心
江苏省互联网协会　组织编写
南京止善智能科技研究院

南京大学出版社

图书在版编目（CIP）数据

数字孪生．驱动虚拟与真实世界的数字化发展／刘湘生，姜晓彤主编 .-- 南京：南京大学出版社，2024.10.--（新质生产力科普丛书）.-- ISBN 978-7-305 -28227-0

Ⅰ. TP3

中国国家版本馆 CIP 数据核字第 2024BE2780 号

出版发行　南京大学出版社
社　　　址　南京市汉口路 22 号　　　邮　编　210093

丛 书 名　新质生产力科普丛书
书　　　名　数字孪生：驱动虚拟与真实世界的数字化发展
　　　　　　SHUZI LUANSHENG：QUDONG XUNI YU ZHENSHI SHIJIE DE SHUZIHUA FAZHAN
主　　　编　刘湘生　姜晓彤
责任编辑　巩奚若　　　　　　编辑热线　025-83592655

照　　　排　南京新华丰制版有限公司
印　　　刷　南京凯德印刷有限公司
开　　　本　718 mm × 1000 mm　1/16　印张 10.5　字数 180 千
版　　　次　2024 年 10 月第 1 版　2024 年 10 月第 1 次印刷
ISBN　978-7-305-28227-0
定　　　价　55.80 元

网址：http://www.njupco.com
官方微博：http://weibo.com/njupco
微信服务号：njuyuexue
销售咨询热线：（025）83594756

《新质生产力科普丛书》
编审委员会

本书编写委员会

序

　　以大数据、云计算、人工智能、区块链为代表的新一代信息技术快速发展，推动了数字化、网络化、智能化的新一轮变革。集综合计算、网络和物理环境于一体的多维复杂系统——信息物理系统（Cyber Physical System，CPS），通过 3C（Computation、Communication、Control）技术的有机融合与深度协作，实现大型工程系统的实时感知、动态控制和信息服务。CPS 的核心是利用数字孪生（Digital Twin）技术实现对物理实体的交互和操控。

　　数字孪生是充分利用物理模型、传感器更新、运行历史等数据，集成多学科、多物理、多尺度、多概率的模拟过程，完成虚拟空间映射和反映，进而使相应的真实设备得到全生命周期的真实映射和反映的技术。

　　数字孪生又称"数字双胞胎"，其将工业产品、制造系统、城市交通等复杂物理系统的结构、状态、行为、功能和性能映射到数字化的虚拟世界，通过实时传感、连接映射、精确分析和沉浸交互来刻画、预测和控制物理系统，实现复杂系统虚实融合，使系统全要素、全过程、全价值链达到最大限度的闭环优化。

　　数字孪生技术的关键在于"孪生"，即数字孪生体和物理实体是一样实时并行的。数字孪生体系架构包括物理实体、虚拟实体、孪生数据、连接和服务五个维度。数字孪生有数据、模型、映射和交互四个核心要素：数据是构成数字孪生的基础；模型是数字孪生的基本能力来源；映射是孪生体的高保真、可视化的物理网络实体；交互是虚拟与现实的联结。

　　数字孪生具有互操作性、实时性、可扩展性、保真度、闭环性以及将虚拟空间和物理实体紧密融合的特点，在 5G 技术的支持下，数字孪生已广泛应用到智能制造、智慧交通、能源系统、远程医疗等行业中。在工业领域，数字孪生的使用将大幅推动产品在设计、生产、维护及维修等环节的变革。通过数字孪生技术，不仅能够对工厂设备进行监测，实现故障预判，还可以实现远程操控、检修，极大程度降低运营成本，提高安全性。在制造业领域，数字孪生技术可以用于产品设计和制造过程的优化。通过模拟和优化产品设计和制造流程，可以提高产品质量和生产效率。在智慧交通领域，数字孪生技术可以用于城市交通和资源管理的仿真和优化，提高城市交通运行效率。在能源领域，数字孪生技术可以用于能源系统的建模和优化，帮助企业实现能源消耗的精细管理和节能减排。

近年来，我国高度重视数字孪生的发展。数字孪生作为新一代高新技术，结合人工智能、5G、区块链等前沿技术与各产业不断融合深化，有力推动各行各业数字化转型的发展，实现智能互联网时代的升级与变革。

数字孪生是数字经济的底座，与大数据、人工智能、5G 等一起被列入国家战略。2021 年 12 月，"十四五"数字经济发展规划提出，"数据要素是数字经济深化发展的核心引擎"，要"协同推进技术、模式、业态和制度创新，切实用好数据要素，将为经济社会数字化发展带来强劲动力"。要"充分发挥我国海量数据、广阔市场空间和丰富应用场景优势"，"以数字技术与实体经济深度融合为主线，加强数字基础设施建设，完善数字经济治理体系，协同推进数字产业化和产业数字化，赋能传统产业转型升级，培育新产业新业态新模式，不断做强做优做大我国数字经济，为构建数字中国提供有力支撑"。2023 年 10 月，工业和信息化部等六部门联合印发的《算力基础设施高质量发展行动计划》提出，要持续推进算力对创新应用的支撑，推动算力在元宇宙、数字孪生等新业态拓展应用。同月，《江苏省元宇宙产业发展行动计划（2024—2026 年）》提出，要加快扩展现实、数字孪生等元宇宙技术在工业关键流程深度应用，推进各类感知数据实时接入，实现虚实协同、以虚促实。

数字孪生可以为企业提供更多的商机和竞争优势，为个人提供更多的学习和就业机会。

数字孪生技术将是未来十年人人面对、最有潜力的战略科技之一，数字孪生的应用必将对全球产业变革、生产力提升和经济发展起到推动作用。

数字孪生将会让人类社会更加智慧、更加繁荣。

希望本书能对普及数字孪生知识、推动行业发展起到一点作用。

南京邮电大学校长、江苏省互联网协会理事长　叶美兰

2023 年 11 月

前　言

　　近年来，物联网、大数据、云计算和人工智能等新一代信息技术的快速发展，已显著推动了数字化、网络化和智能化的进程。在这一大背景下，数字孪生技术作为未来产业的重要基石，利用物理模型和传感器采集的综合数据，实现了虚拟空间中的多学科、多物理量、多尺度及多概率模拟过程。数字孪生技术不仅可以实现虚拟空间与现实设备的映射和反映，同时作为数字化发展的基石，也为数字中国的建设和智慧化发展开辟了新的可能性。

　　2023年，中央经济工作会议明确提出，要打造生物制造、商业航天等若干战略性新兴产业，开辟量子、生命科学等未来产业新赛道。培育发展未来产业，是带动产业升级、培育新质生产力的战略选择，而数字孪生正是未来产业聚集的九大领域之一。数字孪生通过创建实体对象的高精度虚拟副本，在虚拟环境中模拟、分析和预测物理世界的行为和性能，极大地增强了对产品生命周期的控制，提高了生产效率，降低了运营成本。通过对实时数据的集成和分析，数字孪生不仅可以优化现有工艺，预防设备故障，还能预测系统性能，为决策制定提供科学依据。此外，数字孪生的跨行业应用促进了不同产业之间的数据和资源整合，通过打破行业壁垒，推动了整个生态系统的创新和协同工作，为经济的整体增长贡献了力量。数字孪生技术不仅是未来产业的重要基石，也是产业在全球经济中保持竞争优势的关键工具。

　　此外，数字孪生已成为国内外学术界和产业界的研究热点。例如，IMT-2030（6G）推进组在2021年发布的《6G总体愿景与潜在关键技术白皮书》中，就提出了实现"万物智联、数字孪生"的美好愿景。中国的相关研究机构和产业联盟也陆续发布了《数字孪生城市白皮书》《数字孪生应用白皮书》和《工业数字孪生白皮书》等多份关于数字孪生的白皮书，旨在深化对该技术的共识，加速其创新与实践应用。

通过深入了解数字孪生的起源、特征、核心技术及其广泛应用，我们可以更好地认识到它在智能制造、智慧城市、智能交通等产业中的重要性，并探索其在医疗健康、城市管理等方面实现智能化、可持续发展的潜力。本书将从数字孪生的概念、起源和发展历程开始，介绍数字孪生的特征、核心技术及其应用，以通俗易懂为编写原则，系统性地概述数字孪生的概念、特征、体系、相关技术、应用领域、未来展望等，希望能够帮助大家深入了解数字孪生的内涵和意义，激发读者对此前沿技术的兴趣和探索欲望。

第一章，什么是数字孪生。首先介绍了数字孪生的概念，并从数字孪生的起源、发展，介绍到数字孪生的基本特征，对数字孪生进行了解读，对一些人们对数字孪生的误解以及数字孪生和元宇宙的关系进行了阐述。第二章，数字孪生体系。系统介绍了数字孪生的系统架构，并从认知、建设数字孪生体系的角度对数字孪生各部分内容进行了解读，帮助人们从了解数字孪生到熟悉数字孪生。第三章，数字孪生与相关技术。围绕数字孪生的建设、实现和应用，对与之相关的各种技术的特点和相关性进行了介绍，阐述了各相关技术在数字孪生应用中的作用及价值。第四章，数字孪生的应用领域。综合介绍了数字孪生在各行各业的广泛应用，从数字孪生行业建设、应用场景等方面分别进行阐述，全面展示了行业应用成果。第五章，数字孪生的价值与面临的挑战。介绍了数字孪生在行业应用中的价值体现，同时也提出了数字孪生所面临的问题和挑战，以及解决这些问题的思路和方法。第六章，数字孪生的发展展望。从国家政策导向、行业应用导向，以及数字孪生技术发展方向、在重点行业应用中面临的挑战与展望等方向，分析了数字孪生的整体发展。

数字孪生的发展离不开技术创新、政策支持和人才培养等各方面的支撑，我们希望通过本书的传播，能够为数字孪生技术的发展做出一份贡献。

最后，感谢您选择阅读本书。希望本书能够为您提供有益的知识和启发，帮助您更好地理解和应用数字孪生技术。如果您在阅读过程中有任何问题或建议，欢迎随时与我们交流。祝愿您在数字孪生的世界中获得新的发现和成长！

江苏省互联网协会副理事长兼秘书长　　刘湘生

2023 年 11 月

目 录

第一章 什么是数字孪生

第一节 数字孪生的概念

　　"孪生"俗称双胞胎。人类的同卵孪生兄弟姐妹是一对从同一受精卵分裂而来的双胞胎（或更多），他们不仅外貌非常相像，而且连行动、想法、爱好都非常一致。更有人认为，由于血缘关系，双胞胎意念都能相通。数字孪生（Digital Twin）也

图 1-1　数字孪生——数字双胞胎

是一种"双胞胎"，它与物理实体在形状、材料属性、运动状态等方面非常相似，而且能够相互映射、联动，实时相通（图 1-1）。

　　数字孪生是什么呢？从定义上来讲，数字孪生是充分利用物理模型、传感器更新、运行历史等数据，集成多学科、多物理量、多尺度、多概率的仿真过程，在虚拟空间中完成映射，从而反映相对应的实体装备的全生命周期过程。它以数字化方式创建物理实体的虚拟模型，借助历史数据、实时数据以及算法模型等，模拟、验证、预测、控制物理实体的全生命周期过程。

　　简单点说，数字孪生是一种数字化技术，它可以通过数字化建模和数据采集来创建物理实体的数字孪生体。孪生体是数字技术虚拟的，而现实存在物就是本体，是实际存在的。

　　目前，数字孪生的价值日益凸显，被越来越广泛地使用。拿埃隆·里夫·马斯克（Elon Reeve Musk）的公司来说，他们就在多个领域运用

了数字孪生技术。比如特斯拉使用数字孪生技术设计、测试和优化电动汽车，数字孪生技术可以在虚拟环境中模拟不同的驾驶条件和行驶情况，以使我们更好地了解车辆的性能表现，并进行改进。太空探索技术公司（SpaceX）使用数字孪生技术设计火箭并模拟其运行，数字孪生技术可以帮助工程师在虚拟环境中进行测试和优化，从而减少实际测试的次数和成本。超级高速交通概念公司（The Boring Company）使用数字孪生技术设计地下隧道并模拟建设过程，数字孪生技术可以帮助工程师在虚拟环境中测试和优化隧道的设计，以便更好地了解隧道的性能表现。神经科技公司（Neuralink）使用数字孪生技术模拟人脑的功能和行为，数字孪生技术可以帮助工程师更好地了解人脑的工作原理，并为脑机接口技术开发提供支持。

数字孪生这么重要，那我们怎么理解数字孪生呢？下面我们举个小例子：我们每天上下班都可能会用到的交通工具——汽车。

汽车对我们太重要了，它和我们的工作、生活息息相关，驾驶、听歌、休闲、睡觉……都可能发生在车上。对于这样一个人生伙伴，我们就有必要建一个数字孪生体，那具体怎么做呢？

我们用软件建立了一个三维模型，模仿爱车的外观、尺寸、材质、颜色，还可以打上自己的LOGO，方便一眼认出。这样，在数字世界中，爱车出现了！外观一致、惟妙惟肖！你可以第一视角的身份，从内到外，720°全方位欣赏自己的爱车。那身临其境的感觉，棒极了（图1-2）！

当然，只是模仿外观还远远不够。我们需要将数字孪生体和实际本体关联起来。首先，将我们关心的行驶里程、行驶速度、行驶方向、地理位置、油温、剩余里程等重要数据模拟到孪生体的仪表盘（数字界面）上，并通过传感器将这些数据进行实时传输，形成实体和虚体的数据实时互通（图1-3）。这样，哪怕是朋友将车开出去远游，你坐在电脑前，也能随时感知爱车的速度、发动机转速、油耗、位置等，

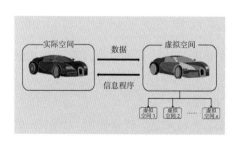

图1-2　汽车数字建模

图1-3　轿车行驶数据可视化

甚至还可以通过调用摄像头观看爱车周围的实际场景，仿佛自己真的坐在车里一样。

这样，数字孪生的概念就出来了！

利用现代技术，我们不仅能够通过建模见到产品外部，而且更关键的是，通过仿真能够见到产品内部每一个零部件的运行状态。比如，根据数字 3D 模型，我们可以看到在轿车的运作过程中，发动机内部的每一个零部件、线路、连接头的每一个数字化的转变，进而能够对零部件展开保护性维护保养。对维修、故障、预警等数据进行分析，就可以制定维修计划、行车策略。

零件、系统、维修、更换，预警、分析、策略，这样就形成了对爱车的数字孪生全生命周期管理。它会主动告诉你发动机要保养了、变速箱要换油了、刹车需要维修了，仿佛一个爱车管家，时刻呵护爱车的健康和安全（图 1-4）。

在某些特殊情况下，我们需要通过孪生体对本体进行反向控制，如刹车、启动、熄火等。只要给实际本体装上传感器、控制器和通信设备，实现本体和孪生体的联动，就可以实现虚实控制。这时，你只要操作孪生体，就可以反向控制实际本体，实现孪生体的远程反向操控了（图 1-5）。

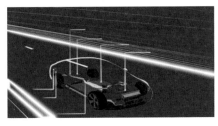

图 1-4　汽车整体模型信息化

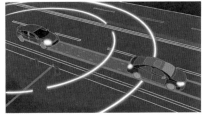

图 1-5　虚拟驾驶

再往后，正如科幻电影里演绎的那样，慢慢地大家都会拥有一个个不同类型的虚拟孪生体：虚拟的城市、建筑、道路、车辆，虚拟的商店，虚拟的人群，虚拟的社会空间、社会关系，虚拟的规则逻辑……到最后，甚至可能虚拟了整个世界！那时候，人类便用虚拟数字克隆了一个世界，克隆了一个地球，进入了元宇宙时代。

第二节 数字孪生的起源

图 1-6　模拟飞行器

初步认识了数字孪生，你会觉得它很有趣，很新奇，作用也很大。你不禁会问，数字孪生最开始是怎么来的呢（图 1-6）？

孪生技术最早来自航天工程。1961 年，美国国家航空航天局（NASA）在阿波罗计划中，建设了一套完整的、高水准的地面半物理仿真系统，即构建了两个相同的航天飞行器，一个发射到太空执行任务，另一个留在地球实时反馈太空中飞行器的工作状态。被留在地球上的飞行器被称为孪生体（Twin）。在阿波罗计划实施期间，孪生体被广泛应用于训练；在任务执行期间，孪生体在地面精确地反馈和预测正在执行任务的太空飞行器的状态，进而辅助工程师分析处理各种紧急事件，帮助航天员在紧急情况下做出最正确的决策。

这里孪生的是两个实体，用地球上的实体模拟了浩瀚太空中的实体。科学家们仿佛将星空中的卫星搬回了实验室，通过实验室的孪生体，同步监测、模拟远在太空的飞行器。虽然是孪生实体模拟实体，但孪生的价值已得到重要体现，在效率、成本等方面收到了较好的效果。

在 1960—1969 年很长一段时间里，实体的孪生模拟测试一直得到普遍应用。这种测试方式虽然具有较好的应用意义，但也有较大的不足与挑战，集中体现在成本与效率两方面。建一个孪生实体成本很高，应用领域和应用场景有限，大部分集中在航空航天领域。同时，实体孪生的建设周期长、效率低，无法满足一般的应用条件。

成本、时间周期、建造难度为孪生的应用提出了挑战，而现代数字技术的发展则为孪生的发展带来了新的契机。

第三节　数字孪生的发展

在起源的案例中，得益于孪生的科学运用，科学研究取得了重大进步。从那以后，专家、学者们开始专注于对孪生应用的发展与探索。

1. 1969 年，美国 NASA "阿波罗"计划运用孪生概念。

2. 2003 年，美国密歇根大学 Michael Grieves 教授提出"与物理产品等价的虚拟数字化表达"概念。

3. 2003—2005 年，数字孪生被称为"镜像空间模型"。

4. 2006—2010 年，数字孪生被称为"信息镜像模型"。

5. 2011 年，描述数字孪生概念模型的名词——"数字孪生"第一次被引用。

6. 2012 年，NASA 发布"建模、仿真、信息技术和处理"路线图，数字孪生进入公众视野。

7. 2014 年，数字孪生理论与技术体系被引入，并被美国国防部、NASA，以及西门子等公司接受并推广。

8. 2015 年，通用电气公司基于数字孪生体，实现对发动机的实时监控、检查及维护。

9. 2017—2019 年，Gartner 连续三年将数字孪生列为当年十大战略科技发展趋势之一。

一、产品生命周期管理（Conceptual Ideal for PLM）

2002 年，Grieves 教授在美国密歇根大学的管理课程上提出，可以建立虚拟孪生体来管控产品全生命周期，他将该设想称为产品生命周期管理（Conceptual Ideal for PLM）。

在阿波罗计划中，用实验室的飞行器来模拟太空中的飞行器，建立了地球和太空中的联系，这是其价值所在。现代建模、仿真、物联技术推动了数字孪生的发展，使之在成本与效率等方面得到了更显著的进步。

数字建模、逻辑仿真、物联控制、网络通信，完全可以模拟阿波罗计划的实体孪生。人们借助长期形成的数据资料，将其生命周期进行时间、状态、性能的还原，运用现代技术进行孪生仿真、分析预判，用数字孪生技术管理飞行器的整个生命周期。

从现实意义上来说，数字孪生全生命周期管理的应用价值很大。比如设计一架新型飞机，过去每一个设计、制造阶段，因为没有现实的感性展现，只能依靠设计经验、专家论证等进行，不仅时间长、浪费大、成本高，而且没有一个现实的定论。现在，利用数字"孪生"一架飞机，需求论证、系统设计、仿真验证、工程设计、制造设计、物理实现等各个阶段，只要按照数字孪生的阶段式管理来做，就可以完全达到预期效果，能够快速、高效、低成本地设计出一架新型飞机。

二、数字孪生在航空航天领域的发展

美国国会于 2007 年通过了 487 号决议，将建模与仿真列为影响国家安全、繁荣和保持绝对领先优势的具有战略意义的国家关键技术。

2010 年，已经进入奥巴马时代的 NASA 和美国国家研究委员会（NRC）开始筹备为航空领域设计一个新的技术路线图。NASA 组织相关专家撰写《NASA 空间技术路线图》，共涉及 14 个主题。据统计，该技术路线图包含 140 个挑战、320 种技术，时间跨度为 20 年。正是在此次报告的 14 个技术主题中，TA 11（Modeling, Simulation, Information Technology & Processing Roadmap）提出大致在 2027 年实现 NASA 数字孪生体规划目标。

2011 年，在 NASA 在发布的技术路线图中首次使用了数字孪生（Digital Twin）一词，将其描述成一种反映实体真实状态的综合载体，并在之后正式提出了"数字孪生"的定义。

2011 年，美国空军探索了数字孪生在飞行器健康管理中的应用，并详细探讨了实施数字孪生的技术挑战。2012 年，NASA 与美国空军联合发表了关于数字孪生的论文，指出数字孪生是驱动未来飞行器发展的关键技术之一。在接下来的几年中，越来越多的研究将数字孪生应用于航空航天领域，涉及机身设计与维修、飞行器能力评估、飞行器故障预测等。

三、数字孪生多领域的全面发展

2015 年，Rios 给出了通用产品的数字孪生定义，即将产品的所有组成部分和过程数字化，并将其与实际产品和生产流程进行实时同步，从而形成一个与实际产品完全相同的数字副本，这个数字副本就是该产品的数字孪生。Rios 将数字孪生理念由飞行器领域向工业领域拓展应用。

2017 年，Gartner 将数字孪生放进十大战略科技发展趋势，这一技术开始受到全球范围的广泛关注。

2017 年，中国智慧城市规划启动，经过持续的调整和完善，确立了数字孪生是智慧城市建设不可或缺的应用，是智慧城市发展的高级阶段（图1-7）。

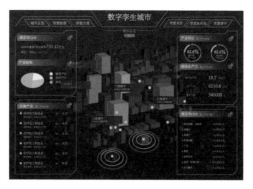

图1-7　数字孪生城市

现阶段，除了航空航天领域，数字孪生还被应用于电力、船舶制造、交通、农业、建筑、制造、石油天然气、健康医疗、环境保护、城市管理等行业。特别是在智能制造领域，数字孪生被认为是一种实现信息世界与物理世界交互融合的有效手段。许多著名企业（如空客、洛克希德·马丁、西门子等）与组织（如 Gartner、德勤、中国科协智能制造学会联合体等）对数字孪生给予了高度重视，并且开始探索基于数字孪生的智能生产新模式。

随着物联网、云计算、人工智能等技术的发展，数字孪生具备了推广的基础，并受到了标准化组织、工业制造业巨头、IT业、互联网的关注。从 2018 年开始，国际标准化组织（International Organization for Standardization，ISO）、国际电工委员会（International Electrotechnical Commission，IEC）、电子电气工程师学会（Institute of Electrical and Electronics Engineers，IEEE）等国际机构陆续着手数字孪生相关标准制定。先进制造企业西门子、通用电气等，分别提出了对数字孪生的愿景并打造了相关产品。

从以上数字孪生的发展可以看出，数字孪生已经从概念发展到应用，并从单领域应用发展到多领域、多场景全方位应用。

就这样，数字孪生开始蓬勃发展起来。

第四节　数字孪生的特征

从定义来看，数字孪生具有双向操作性、实时互通性、映射保真性以及覆盖全生命周期等特点。如果用人类的孪生双胞胎来形容，那就是形相近、心相通、实相连、互来往、永相顾：长得比较相像，就像孪生兄弟；心是相通互联的，可以互相感应；兄弟俩互为你我，你的就是我的，相互映射；同呼吸，共生死，全生命过程互相一致。

一、实时互通性

实时性，是指本体和孪生体之间，可以建立全面的实时或准实时联系，两者是实时连通的。

实时互通，是实现数字孪生体和本体一致性的内在要求。实时互通是两个要求，首先要互通，其次是实时。没有互通，达不成孪生。如果有延迟或延迟较长，甚至没有互通，两者之间是隔断的，那就无法实现本体和孪生体之间的一致性。就如前面讲到的关联性一样，如果不互通，本体的变化孪生体不知道，无法互动跟随，那两者就会相互独立，各做各的事，互不相干。物联技术、网络通信技术让两者实现了实时互通、相互关联。如果仅仅是互通但不是实时，也不能实现两者之间的一致。

在现实操作中，数字孪生技术要求数字化，即以一种计算机可识别和处理的方式管理数据，对随时间轴变化的物理实体进行表征，形成物理实体实时状态的数字虚体映射。表征的对象包括外观、状态、属性、内在机理。

本体和孪生体之间要保持时间轴上各种表征的一致性，需要实时互通。5G技术的到来，使两者之间的通信延时得到了极大缩短，甚至可以忽略不计，这样就保证了时空大数据的一致性，让本体的数据变化立刻在孪生体上得到体现。两者的任何变化都会引起对方条件反射式的变化，两者高度同步。

在发动机工厂，技术人员对发动机进行了数字孪生，包括发动机外观以及内在零部件，通过传感器将实体中的转速、温度、变形、压力等指标表征到数字孪生体上，实时互通，掌握实时变化，并将历史的数据作为一种经验，在云端、存储器不断验证、分析，利用AI进行优化、修正，为数字孪生的最终预测决策分析做准备（图1-8）。

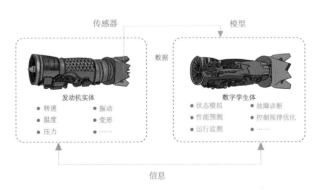

图1-8　发动机实体和孪生体的实时互通

有了实时互通，以及历史资料及策略方案，就可以对实际生产制作中传感的各种表征数据进行实时分析，对异常数据进行判断，提前纠偏或校正，将错误扼杀在摇篮之中，避免错误、灾害的发生，减少生产损坏，降低生产成本。

二、双向关联性

双向关联性，是指在数字孪生中的本体和孪生体之间数据流动可以是双向联动的，并不是只能从本体向孪生体输出数据，孪生体也可以向本体反馈信息。物理对象和数字空间能够双向映射、动态交互和实时连接，人们可以根据孪生体反馈的信息，对本体采取进一步的行动。而且，数字孪生具备以多样的数字模型映射物理实体的能力，具有能够在不同数字模型之间转换、合并和建立"表达"的等同性，能够以多样性的数字孪生体映射物理孪生体。

怎么理解数字孪生的双向关联性呢？简单地说，就是本体和孪生体之间"它做什么，我就做什么；反过来，我做什么，它也跟着做什么"。本体和孪生体互为关联，就像杂技里绑在套杆里排队走路的"连体人"一样，做什么动作都高度一致，而且在数字孪生中，两者可以做到从外表到内在都高度一致。

那么，在现实操作中，怎么建立两者之间的双向关联呢？

首先需要完成的是本体和孪生体之间的联通和自动化，其次是双向关联，相互之间互通信息，相互下达与接收指令。通过在本体上安装传感器，利用通信技术，如物联卡，向孪生体发送信息；孪生体接收信息后，转化成表征操作界面的信息及语言，管理者通过信息可视化看清传感信息。同样，孪生体也可以通过发送指令经信息通信传递给本体，本体在接收信息后，通过序列化的自动化操作，完成孪生体指令。这样就形成了本体和孪生体的双向关联。

三、映射保真性

数字孪生的保真性用来描述数字虚体模型和物理实体的接近性、精确度。要求虚体和实体不仅要保持几何结构的高度仿真，在状态、相态和时态上也要仿真。保真性越高，数字孪生模型与实际物理对象的相似度就越高，即数字孪生模型越接近实际物理对象。

数字孪生的保真性需要考虑以下几个方面：

1. 数据采集

数字孪生的保真性首先取决于数据采集的质量和准确性。采集数据的传感器必须能够准确地测量物理实体的各种参数，并将这些数据传输到数字化系统中。采集到的数据必须进行处理和校准，以确保其准确性和一致性。

2. 数字化建模

数字孪生需要对物理实体进行数字化建模。数字模型必须准确地反映物理实体的几何形状、材料属性和运动特征等方面的信息。数字模型的准确性取决于使用的建模方法和建模精度。

3. 数据同步

数字孪生与其对应的物理实体之间的映射关系需要保持同步。这意味着数字孪生必须始终反映物理实体的实时状态。为了实现这一目标，数字孪生必须不断收集和更新数据，同时对数字模型进行实时更新。

4. 映射算法

数字孪生映射算法需要能够准确地将数字孪生和物理实体之间的关系进行映射，这需要考虑到物理实体的各种特征和状态，如形状、材料属性、运动状态等。映射算法需要具备高精度和高效性。

从以上叙述可以看出，数字孪生模型必须精确地反映出实际物理系统的各种特征、行为，并能够动态响应。只有当数字孪生模型的映射保真性足够高时，我们才能信任它的预测结果，并将其用于支持决策制定和优化设计等应用场景。

当数字孪生体拥有了物理实体的实时状态，我们就可以描述和分析物理实体的内在机理，否则，只是建立了物理实体的可视化模型，虽然它也是变化的，但是只展现了物理实体的外部表征，对于其内部机理并无实质性映射。我们不能将数字孪生的虚实映射仅停留在表层，而更要研究其内部机理的映射。这种内部机理的映射，其实就是赋予数字孪生体一个强大的"大脑"，通过对物理实体数据的监视、分析、推理、优化、运行实现决策，进而控制物理实体，形成数字孪生应用的闭环。

比如，虚拟生产线运行需要组成产品、设备、工艺、环境、条件参数之间的一一映射，除外形尺寸外，其他产品数据、生产数据、质量数据、工艺数据等都需要保真，将生产线各环节的孪生体现到真实水平（图1-9）。

对于一些特殊工种，如在高温锻造成型车间，常温钢铁通过传送带进入1500℃的加热炉加热。很难人为控制加热炉中的工艺过程，而可以利用数字孪生，建立加热炉、传送带等几何模型，映射炉膛进口温度、膛心温度、炉侧温度、出口温度、传送带速度，通过无线传感器把速度调节器、火焰喷嘴出量调节器、喷嘴角度调节器与孪生体相连，这样，通过孪生体就可以感知整个工作环境。

图 1-9　孪生工厂的映射保真

现在，你只要坐在电脑前，调节孪生体中传送速度的快慢，燃烧的大小、方向，就能关联操作现实中的加热炉实体，保证实体加热在正常工艺要求范围内工作。同时，孪生体对某些加热偏差还会自动报警，提醒你及时纠偏，从而保证产品的质量。比如，在传送链条坏了、某个喷嘴坏了时，都会将报警信息立刻反馈给孪生体，提示工作人员马上处理。

值得一提的是，在不同的数字孪生场景下，同一数字虚体的仿真程度可能不同。产品虚拟装配需要的是产品模型的高度仿真，尺寸精度要求达到毫米级，甚至需要模拟环境对产品形变的影响。虚拟装配可以解决正式投产前的装配干涉问题、集成冲突问题，通过各零部件之间的尺寸配合、公差修正，将试制成本降低，真正为企业解决研发成本高的问题。

四、全生命周期

数字孪生的全生命周期指从数字孪生的创建、模型设计、数据采集、模拟分析、可视化展示，到数字孪生的应用部署、运维及更新等整个过程。

全生命周期的目标是让数字孪生能够在整个生命周期中不断地更新、完善，并为实际应用提供更好的支持。在现实应用中，很多人往往忽略了数字孪生全生命周期的特征及其目标，从而对数字孪生形成了误解，如把其中某部分单独拿出来当作数字孪生，或仅仅进行模型设计、可视化展示等。只有通过全生命周期的实施，产生数据、形成分析、做出策略，不断更新、完善、提高孪生体，才能最终完成数字孪生应用的目的。

这个过程需要涉及多个方面的技术和工具，例如传感器技术、数据采集与处理技术、模型设计与优化技术、仿真分析技术、虚拟现实技术等。对于不同领域的数字孪生，其全生命周期的具体内容可能有所不同。

数字孪生可以贯穿产品设计、开发、制造、服务、维护乃至报废回收的整个周期。其应用并不仅限于帮助企业把产品更好地造出来，还包括帮助用户更好地使用产品。

数字孪生中的数字虚体，是用于描述物理实体和其内在机理的可视化模型，便于对物理实体的状态进行监视、分析，进而优化工艺参数和运行参数。这些数据积累后可以形成固化的产品全生命周期的 AI 智能策略，实现预测性分析，即赋予数字虚体和物理实体一个大脑，应对各种情况。

例如，对于发动机的维修、故障分析、问题定位以及实施解决，数字孪生能给出各种帮助，指导相关人员进行最优化的操作；也可以提出对某种故障的预测，提示报警信息，帮助用户提前防范、提前排除，将问题解决在事故发生之前，最大程度地减少损失，维护本体资产价值。

五、扩展通用性

扩展通用性指的是在不同领域或应用中，利用已有的数字技术和数据资源，通过共享、整合和重用等方式，实现技术能力的跨界转移和应用的普适性提升。扩展通用性可以提高数字技术的效益和创新速度，加速技术的推广和应用。数字孪生的扩展通用性，使其具备了应用于不同行业和领域的能力，可以实现更广泛的应用和价值创造。例如，数字孪生可以应用于制造、能源、建筑、医疗等行业，实现更高效、更可靠、更安全的生产和运营过程。

数字孪生技术具备集成、添加和替换数字模型的能力，能够针对多尺度、多物理量、多层级的模型内容进行扩展。其涉及的学科较多，且各学科强耦合。现在的产品通常涉及多学科，如航空航天飞行器设计涉及的学科包括结构设计、复合材料设计与分析、固体力学、结构强度、气动外形设计、流体力学、飞行力学、飞行器性能计算与分析、自动控制理论、软件开发、机电一体化、液压伺服技术、电气控制、通信导航、综合显示、试验技术等，只有这些学科互相耦合，才能确保飞行器的总体功能、行为和性能满足需求（图 1-10）。

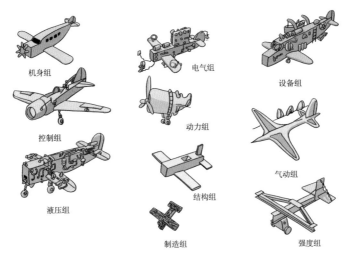

图1-10 单学科设计"理想飞机"

另外，现在的产品系统组成元素较多，组成元素间的交互多。例如，一台波音747飞机有400万个零部件，由65家大企业和15000多家中、小企业协同生成制造；空客A380的机体由多个零部件组成，其中机头、中机身、扰流板和副翼由空客法国公司生产制造，前机身、后机身、缝翼和部分尾翼由空客德国公司生产制造，两侧的机翼由空客英国公司生产制造，下机身、升降舵、方向舵和部分尾翼由空客西班牙公司生产制造，而前缘襟翼由空客比利时公司生产制造，这些零件需要组合在一起才能形成飞机的完整机体。

现在的产品，不仅系统组成元素增多，产品复杂性增大，而且组件元素间的交互也增多，这让产品变得更复杂。如一个由5个组成元素构成的系统，其两两交互的方式有10种，而若由这10种两两交互方式配置出整个系统的交互方式，在理想情况下存在2^{10}种配置方案。而如果系统的组成元素增加到30个，其两两交互的方式有435种，而若由这435种两两交互方式配置出整个系统的交互方式，则在理想情况下存在2^{435}种配置方案。这种交互方式的增加，对系统复杂性的影响是巨大的。

这样必然要求数字孪生在通用性上有充分的扩展功能，使行业、系统、产品在生产、质量、运营、协议、规则、格式、模型、数据、逻辑、环境、算法、策略等方面实现通用性与交互性，对接方便，具备强大的输入、输出能力。将来有一天，数字孪生也将融入元宇宙，加入地球数字村的行列。

第五节 数字孪生的解读

在如今信息快速、透明、丰富的互联网时代，数字孪生一词从开始出现就引起广泛关注。人们对其从开始的感到陌生到逐步了解，再到后来对其惊叹、佩服。但是，碎片化的信息也使得部分人对数字孪生一知半解，甚至对其误解、歪曲、夸大，伴随着元宇宙等概念的兴起，还出现了更多的不解。因此，特就数字孪生的某些误解解读如下。

一、对数字孪生的误解

（一）模拟仿真模型就是数字孪生？

传统的模拟仿真模型并不等于数字孪生，简单来说，建模、仿真只是数字孪生的一个侧面。在早期，人们已经学会了对实验对象建立模型，包括实际模型和计算机模型，用于观察、研究、评估某种特定的特性。在计算机中建立模型，复现物理系统中发生的本质过程，并通过调整模型的输入和控制参数进行实验性计算，研究和评估存在的或设计中的系统特征和行为，寻找可行或最优的设计，这在各行业中应用比较广泛。

有些实验需要很长的时间或危险性很大，利用计算机仿真进行实验显然是一种事半功倍的手段。但现实情况中，实际系统往往都很复杂，并受当前技术的限制，在建立模拟仿真模型的时候，需要进行很多简化。只关注关键的因素，忽略次要因素，或只模拟系统的某一些方面，可以验证设计的结果是否符合一定的设计要求（如安全生产），但计算的精度很难满足生产过程监管和优化的需求。

另外，大多数用于设计过程的仿真模型软件所基于的模拟数据都是批次性的，并不与生产现场实时连接。同时，计算性能也不易满足持续性流式计算的需求。因此，难以实现数字孪生对生产运营过程的实时管控和优化。

综合而言，模拟仿真是数字孪生的一个重要支撑技术，设计过程中的仿真模型是数字孪生算法模型的一个重要组成部分，但不等同于数字孪生本身。

（二）三维仿真数据展示就是数字孪生？

人们在提到数字孪生时，常常直接联想到的就是把数据孪生并进行三维展示，特别会认为三维仿真背景中展示的一些数据就是数字孪生。这种理解是错误的。

数字孪生：驱动虚拟与真实世界的数字化发展

数字孪生并不是把数据进行孪生，而是用数字技术进行孪生仿真展现，是以特征为中心、以技术体系为实现方式开展的新型技术。数字孪生的真正核心在于，对生产现场采集的数据进行近乎实时的计算，以获得对生产现场工况的精准认知，方便做出符合实际的决策，其核心在于数据和计算[1]。

三维仿真展示只是三维空间的映射，其结果是让数据、状态或事件的展示更直观；用大屏方式展示，能给参观者酷炫的观感。但是，这只是一种人机界面的表达方式，没有数字孪生的数据和算法支持，这些展示没有太大的意义。

如果数字孪生的数据丰富、算法强大，相应的工业应用（App）也功能强大，大部分的生产运维操作都能自动解决，不需要人工干预，那么三维仿真展示的必要性也会被弱化。如果有算法能对设备状态进行有效监控、报警、记录和处理，现存的"虚拟巡检"的作用也就不大了。

数字孪生并不局限于单纯的数值仿真或者机器学习技术。相对传统的数值仿真方法，数字孪生可以应用物理实体反馈的数据进行自我学习和完善；相对机器学习，数字孪生可以通过对物理过程的仿真提供更加准确的理解与预测。

当然，除了满足以往的流程规定外，以物理实体的实际空间参数以及空间的拓扑关系建立可视化模型，特别是与扩展现实等技术结合，对于设计、设备拆装和维修操作指导、运动设备作业事件重播等还将继续有独特的作用。

（三）数字孪生可以完全替代实际测试？

虽然数字孪生具有高精度、实时和可预测的特征，但它仍然是一个模型，它可以模拟和预测在现实世界的运行和产生的效果，但并不能完美地替代实际测试在真实世界中的运行。

虽然数字孪生可以提供一个高度精细和复杂的模型来评估各种方案和情况，但是现实世界存在许多未知和难以预测的因素。本质上，数字孪生是人为创造的，数字孪生的模型、逻辑、感知、通信、仿真、展现都建立在人们的认知基础上。一方面，人类对现实世界的认知并不全面，很多深层次的东西并不在人类的认知范围之内；另一方面，

---

[1] 林诗万. 数字孪生的三大误区 [EB/OL]. (2022-01-11) [2023-11-01]. https://www.sohu.com/a/515725670_313848.

就算在人类的认知体系内，也很难全面地建立数字系统并用电脑程序来进行模拟，这一切都寄托于人类科技的进步。

汽车碰撞测试是一种评估汽车安全性能的重要手段，它可以模拟汽车在不同碰撞情况下的表现。在传统的汽车制造过程中，需要进行大量的碰撞测试，以确保汽车的安全性能符合要求。这些碰撞测试需要使用实际汽车在真实的环境中进行，这样才能得到准确的测试结果。而通过数字孪生技术，虽然可以创建汽车的数字模型，但由于数字孪生无法完全模拟实际的碰撞过程和环境，因此无法完全替代实际的碰撞测试。

因此，数字孪生可以作为现实世界的一个重要补充，但最终的实际测试和运行仍然是必要的，如此方能确保系统的正确性和可靠性。

（四）数字孪生能够自动推断、诊断问题并提供解决方案？

数字孪生仍然需要人们进行建模和编程，并且需要输入正确的数据和参数，才能生成准确的结果。此外，数字孪生本身仅仅是一个工具，仍需要由有经验和专业知识的工作人员来对结果进行分析和解读，以得出最终的结论和解决方案。

数字孪生能够帮助我们更好地理解实体，可以辅助工作人员进行决策和解决问题，但数字孪生本身并不具备自动推断、诊断问题并提供解决方案的能力，同时它也不是完全自动化的。

（五）数字孪生可以轻松创建和运营？

数字孪生需要专业人士来创建，包括：

1. 工程师：创建数字孪生需要工程师掌握相关领域的知识，例如机械、电气、软件、控制等。

2. 建模和仿真专家：数字孪生的核心是建模和仿真，需要模型和仿真方面的专家来确保数字孪生的准确性和可靠性。

3. 数据科学家：数字孪生需要收集和分析大量的数据，因此需要数据科学家来处理和分析数据，并应用机器学习和人工智能等技术来提高数字孪生的精确度。

4. 软件开发人员：创建数字孪生需要开发软件来支持建模、仿真和分析功能，因此需要软件开发人员掌握的相关编程技能。

5. 领域专家：创建数字孪生需要了解物理、化学、生物、地理等不同领域的知识，需要理解并应用这些知识来创建数字孪生。

创建数字孪生需要跨学科、跨领域的知识，需要多个领域的专家

数字孪生：驱动虚拟与真实世界的数字化发展

通力合作才能完成。

（六）数字孪生只适用于某些特定行业或领域？

数字孪生适用于许多不同的行业和领域，这也是数字孪生的扩展通用性决定的。从数字孪生的体系结构来看，只要能建立模型、安装感知设备、传递感知信息，并进行仿真模拟，从而可视化展示出来的领域，数字孪生都可以适用。而用不用数字孪生，与需求程度、认知体系、创造成本、经济效益以及信息技术的进步程度等有关系。从简单到复杂，从个体到系统，从细分领域到社会体系，数字孪生都可以应用。

（七）数字孪生可以消除所有风险并提供"无敌"方案？

数字孪生是帮助我们更好地洞察和分析实体或系统的工具，但它并不能完全消除所有风险，也不能提供"无敌"方案。

数字孪生只是一种模拟技术，能够获取和处理数据，预测和模拟实际系统的行为，并在模拟中优化方案。虽然数字孪生可以在设计、开发和运营过程中提供有用的信息和指导，但它并不能重现和考虑所有现实环境和因素，而模型和仿真的准确性受到不同因素的限制。此外，数字孪生只是一种工具，其价值取决于用户如何应用它们。错误地应用数字孪生技术可能会导致错误的决策产生，从而增加风险和损失。

因此，数字孪生只能作为决策者的参考和辅助工具，并不能取代人类的主观判断和经验。我们需要在基于数字孪生的数据分析基础上制定合理的决策和方案。

二、数字孪生与元宇宙

最近几年，元宇宙概念迅速蹿红，各大公司基于虚拟现实等纷纷布局。人们常常会问，什么是数字孪生？什么是元宇宙？两者之间是什么样的关系？有什么异同点？

前面讲解了数字孪生的基本概念，现在来讲一下元宇宙。只有对元宇宙有了基本了解，才能对两者有正确的认识。

（一）什么是元宇宙？

元宇宙（Metaverse）是一个虚拟的世界，类似于虚拟现实，但其范围更广，更加开放和可扩展。在元宇宙中，用户可以创建和控制自己的虚拟身份，与其他用户进行互动，并参与到虚拟世界的经济、社交、文化和娱乐活动中。Beamable 公司创始人 Jon Radoff 提出了元宇宙的七层架构：基础设施、人机交互、去中心化、空间计算、创作者经济、发现和体验。

元宇宙拥有完整的经济逻辑，数据、物体、内容以及 IP 都可以在元宇宙中存在。元宇宙不仅包含虚拟和现实的万事万物，还包含它们之间的各种关系和连接。元宇宙是整合多种新技术而产生的新型虚实相融的互联网应用和社会形态，它基于扩展现实技术提供沉浸式体验，通过数字孪生技术生成现实世界的镜像，通过区块链技术搭建经济体系，将虚拟世界与现实世界在经济系统、社交系统、身份系统上密切融合，并且允许每个用户进行内容生产和编辑。元宇宙连接了虚拟与现实，是一个能将所有人关联起来的 3D 虚拟世界，用户在元宇宙中拥有自己的虚拟身份和数字资产，可以在虚拟世界里尽情互动，甚至创造自己所想的世界。元宇宙是一个包罗万象、极为宏大且无限逼近真实的虚拟世界。除了资本助力外，元宇宙的建设更需要区块链、芯片、云计算、海量存储、低延迟网络、扩展现实、人工智能等技术来支撑。元宇宙为人类社会实现最终数字化转型提供了新的路径，其与"后人类社会"可能发生全方位的交集，极有可能呈现出一个全新的商业时代。

（二）元宇宙和数字孪生的区别与联系

元宇宙的核心在于永续性、实时性、多终端、经济功能、可连接性和可创造性，而数字孪生、混合现实、物联网、5G 等是建设元宇宙的手段和工具。

元宇宙是一个比数字孪生更庞大、更复杂的体系。虽然元宇宙和数字孪生都关注现实物理世界和虚拟世界的连接和交互，但两者的本质区别在于它们的出发点完全不同。元宇宙是直接面向人的，而数字孪生是首先面向物的。另外，从下面几个维度来看，两者也有不同。

1. 建设定位不同

元宇宙是人类科学技术发展到一定程度自然而然且正在形成的一种新的社会形态；数字孪生是新一代信息技术不断发展和应用的产物，数字孪生的概念更偏向技术应用层面。

2. 作用维度不同

元宇宙世界不限于物理世界，作为一个独立的世界，元宇宙一方面能够映射物理世界，优化物理世界的不同场景，另一方面也能够突破物理世界的现实规则，实现虚拟世界的创造；数字孪生的作用维度和作用基点是物理世界，其通过新一代信息技术不断完善、优化物理世界的各种场景。

3. 作用范围不同

元宇宙不仅作用于人类的物质生活，更作用于人类的精神世界；数字孪生在不断改变我们的生活，作用于生活中的各个场景，但是也仅仅作用于人类的物质生活层面。

元宇宙和数字孪生的共同点是都以数字技术为基础，再造高仿真的数字对象和事件，以进行可视化感知交互和运行，它们的底层支撑技术可通用。不同的是，元宇宙既可以以现实的物理世界为数字框架，也可以完全塑造全新的理念数字世界，其终极形态是基于数字世界的原生社会，其中每个居民拥有唯一、独立的数字身份和数字感知体，可共同在线社交并继续社会建设，具有理念和想象特征。而数字孪生则是以信息世界严格、精确映射物理世界和事件过程为框架和基础，无论是工业制造还是城市管理，数字孪生基于实时客观数据的动态进程、与人工智能结合的挖掘分析和深度学习，进一步模拟情境和进行决策，以改进现实或更好地适应现实，最终实现自动控制或自主决策控制，其终极形态是自主孪生。数字孪生更加倾向于对现实社会的治理，以及对行业业务效率的改进和技术创新，而元宇宙更倾向于构建公共娱乐社交的理想数字社会。

作为一种多项数字技术的综合集成应用，元宇宙从概念到真正落地需要实现两个技术突破：第一个是扩展现实、数字孪生、区块链、人工智能等单项技术的突破，从不同维度实现立体视觉、深度沉浸、虚拟分身等元宇宙应用的基础功能；第二个是多项数字技术的综合应用，通过多技术的叠加兼容、交互融合，凝聚形成技术合力推动元宇宙稳定有序发展。

从企业角度来看，元宇宙仍处于行业发展的初级阶段，无论是底层技术还是应用场景，与未来的成熟形态相比仍有较大差距，但这也意味着元宇宙相关产业可拓展的空间巨大。因此，拥有多重优势的数字科技巨头想要守住市场，数字科技领域初创企业想要获得弯道超车的机会，就需要提前布局甚至加码元宇宙赛道。

从政府角度来看，元宇宙不仅是重要的新兴产业，也是需要重视的社会治理领域。政府部门应通过参与元宇宙的形成和发展，前瞻性地考虑和解决其发展所带来的相关问题。

元宇宙结合了互联网、游戏、社交网络和虚拟技术等，所有这些技术融合在一起，造就了一种全新的、身临其境的数字生活。想要构建一个与现实世界高度贴合甚至是超越现实世界的元宇宙，需要大量的数据模拟和强大的算力来实现，其核心关键点则是数字孪生，甚至可以说数字孪生是元宇宙的基石。

数字孪生技术的成熟度决定了元宇宙在虚实映射与虚实交互方面的完整性。无论是数字孪生还是元宇宙，他们的共同之处是都需要以数据为基础，实质是 5G、人工智能、区块链、云计算、大数据、扩展现实、脑机接口、物联网等技术的交叉作用、相互促进。元宇宙的"沉浸感""低延时""随时随地"等特性，不仅对扩展现实硬件技术和网络传输系统提出了更高的要求，还需要强大的云计算和大数据处理能力。

第二章 数字孪生体系

第一节 数字孪生系统架构

数字孪生技术通过构建物理对象的数字化镜像，描述物理对象在现实世界中的变化，模拟物理对象在现实环境中的行为和影响，以实现状态监测、故障诊断、趋势预测和综合优化。为了构建数字化镜像并实现上述目标，需要物联网、建模、仿真等基础支撑技术通过平台化的架构进行融合，搭建从物理世界到孪生空间的信息交互闭环（图2-1）。

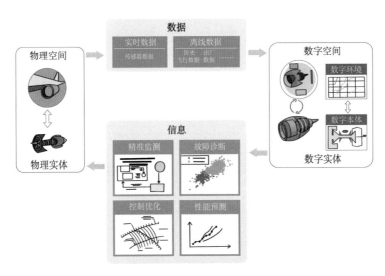

图 2-1 物理空间、数字空间数据信息的闭环

从技术实现角度简单来讲，就是综合运用感知、计算、建模等信息技术，通过软件定义，对物理空间进行描述、诊断、预测、决策，进而实现物理空间与数字空间的交互映射（图2-2）。

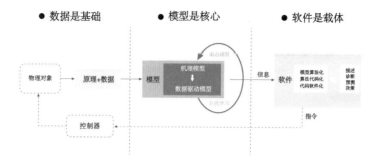

图 2-2　数据、模型、载体的关系

一、数字孪生系统内容

整体来看，一个完整的数字孪生系统应包含以下四个实体内容（图2-3）。

1.数据采集与控制实体，主要涵盖感知、控制、标识等技术，负责孪生体与物理对象间上行感知数据的采集和下行控制指令的执行。

2.核心实体，依托通用支撑技术，实现模型构建与融合、数据集成、仿真分析、系统扩展等功能，是生成孪生体并拓展应用的主要载体。

3.用户实体，主要以可视化技术和虚拟现实技术为主，承担人机交互的职能。

4.跨域实体，承担各实体层级之间的数据互通和安全保障职能。

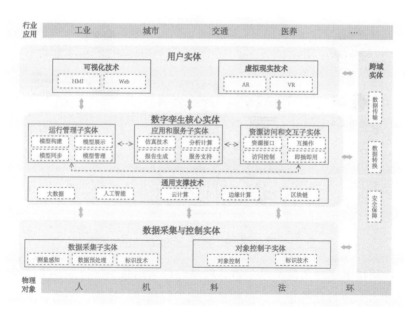

图 2-3　数字孪生系统

二、数字孪生应用架构

从建设某个特定的数字孪生应用来讲，其建设架构必然包含系统内容，同时从建设实现来讲，也会形成相应的体系。数字孪生的一般应用架构由基础支撑层、数据互动层、模型构建与仿真分析层、共性应用层和行业应用层组成（图2-4）。

图2-4　数字孪生应用架构

1. 基础支撑层

基础支撑层由具体的设备组成，包括社会、经济、城市、工业、设备、建筑、交通、工具、医疗等，是对象子实体、交互子实体、控制子实体，是数字孪生建设的出发点和最终的作用点。应用场景、需求实现必须从基础支撑层调查研究开始。

2. 数据互动层

数据互动层包括数据采集、数据传输和数据处理等内容，是数据采集子实体的主要内容。没有数据就没有孪生，数据互动层实现基础支撑感知的传递，是数字孪生建设中网络、传输等的主要内容，是支撑上层模型构建与仿真、分析、应用的数据内容。

3. 模型构建与仿真分析层

模型构建与仿真分析层包括数据建模、数据仿真和控制，是数字孪生核心实体的重要建设内容，是孪生场景的构建、可视化展示、仿真、演绎、运维、控制的核心内容。

4. 共性应用层

共性应用层包括描述、诊断、预测、决策四个方面，是数字孪生实现智能化应用的高级层曲。共性应用层在数据、模型、仿真的基础上，根据各行各业、各功能场景的应用，形成相应的分析、诊断、预测、决策体系，辅助管理，赋能决策。

5. 行业应用层

行业应用层包括工业制造、乡村振兴、工程建筑、智慧交通、智慧城市等多方面应用，是从基础支撑层展开的各行业应用。行业应用层构建了各行业、各场景、各领域的数字孪生体系。

第二节　数字孪生建设内容

一、数字孪生感知

感知是数字孪生体系架构中的底层基础。在一个完备的数字孪生系统中，对运行环境和数字孪生组成部件自身状态数据的获取，是实现物理对象与其数字孪生系统间全要素、全业务、全流程精准映射与实时交互的重要一环。因此，数字孪生体系对感知技术提出了更高要求。为了建立全域、全时段的物联感知体系，实现对物理对象运行态势的多维度、多层次精准监测，我们不但需要更精确、更可靠的物理测量技术，还需考虑感知数据间的协同交互，明确物体在全域的空间位置及唯一标识，并确保设备可信可控（图2-5）。

图 2-5　数字孪生感知系统示意图

（一）数字孪生全域标识

全域标识能够赋予物理对象数字"身份信息"，支撑孪生映射。标识技术能够为各类城市部件、物体赋予独一无二的数字化身份编码，从而确保现实世界中的每一个物理实体都能与孪生空间中的数字虚体精准映射、一一对应。物理实体的任何状态变化都能同步反应在数字虚体中；对数字虚体的任何操控都能实时影响到对应的物理实体，便于物理实体之间跨域、跨系统互通和共享。同时，数字孪生全域标识是数字孪生中各物理对象及其数字孪生在信息模型平台中的唯一身份标识，数字孪生全域标识可实现数字孪生资产数据库的物体快速索引、定位及关联信息加载。目前，主流的物体标识采用 Handle、Ecode、OID 等。

（二）智能化传感

随着行业应用场景不断拓展，传统传感器已无法满足数字孪生对数据精度、一致性、多功能性的需求。智能化传感器将传感器获取信息的基本功能与专用微处理器的信息分析、自校准、功耗管理、数据处理等功能紧密结合在一起，具备传统传感器不具备的自动校零、漂移补偿、传感单元过载防护、数采模式转换、数据存储、数据分析等能力，其能力决定了智能化传感器具备较高的精度、分辨率、稳定性及可靠性，在数字孪生体系中不但可以作为数据采集的端口，更可以自发地上报自身信息状态，构建感知节点的数字孪生（图 2-6）。

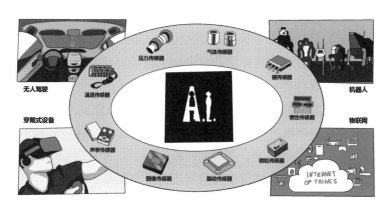

图 2-6　智能化传感技术

（三）多传感器融合

单一传感器不可避免地存在不确定或偶然不确定性，缺乏全面性、鲁棒性，偶然的微小故障就会导致系统失效。多传感器集成与融合技术通过部署多个不同类型传感器对象进行感知，在收集观测目标多个维度的数据后，对这些数据进行特征矢量提取，利用聚类、自适应神经网络等模式识别算法将特征矢量变换成目标属性，并将各传感器关于目标的说明数据按同一目标进行分组、关联，最终利用融合算法将目标的各传感器数据进行合成，得到该目标的一致性解释与描述。多传感器数据融合不仅可以描述同一环境特征的多个冗余信息，而且可以描述不同的环境特征，极大地增强了感知的冗余性、互补性、实时性和低成本性（图2-7）。

图2-7　机器人多传感器融合

二、数字孪生网络

数字孪生网络是数字孪生体系架构的基础设施。在数字孪生系统中，网络可以对物理运行环境和数字孪生组成部件的信息交互进行实时传输，是实现物理对象与其数字孪生系统间实时交互、相互影响的前提，是实现数字孪生实体和孪生体相互映射的必要条件。

数字孪生网络既可以为数字孪生系统的状态数据提供传输基础，满足相关业务对超低时延、高可靠、精同步、高并发等关键特性的演进需求，也可以助推物理网络自身实现高效率创新，有效降低网络传输设施的部署成本，提高运营效率（图2-8）。

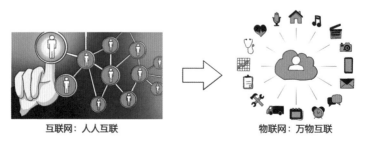

图2-8　互联网到物联网

物联网技术从不同硬件设备的控制或服务系统中感知、获取数据，经过数据格式解析并对大量原始数据进行清洗和整理，初步筛选出合理可靠的数据输出给数字孪生系统。数字孪生网络采用统一或自定义的接口，利用 5G 网络进行大容量、高可靠、高速率、高稳定的数据传输。比如孪生城市要求更大密度的连接数，如 $10^7/km^2$，流量密度需要达到 Tbps/km^2 的量级；孪生医疗要求更低的时延与更高的可靠性，如 0.1~1 ms 和 99.99999%，以及更低的能耗等（图 2-9）。

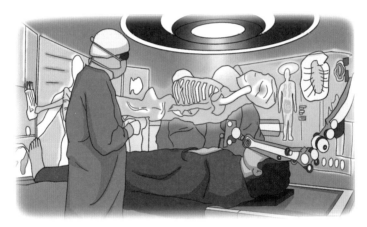

图 2-9　数字孪生网络和远程手术

5G 具备高速率、超大连接及低延迟的应用支持能力。基于 5G 的能力，一方面能够有效实现各个环节如组件、部件、资产、系统、过程、业务的实时高效采集，另一方面可以支持数字化平台决策控制指令的实时闭环分发。可以说，5G 让丰富的物理世界数据采集成为可能，也让物理世界和数字世界之间的实时互动成为可能。5G 为数字孪生提供联网设施，是数字孪生建设的基础支撑技术。

伴随物联网技术的兴起，通信模式不断更新，网络承载的业务类型、网络所服务的对象、连接到网络的设备类型等呈现出多样化发展趋势，要求网络具有更高的灵活性。同时，伴随移动网络深入楼宇、医院、商超、工业园区等场景，物理运行环境对确定性数据传输、广泛的设备信息采集、高速率数据上传、极限数量设备连接等的需求愈加强烈，这也相应地要求物理运行环境必须打破以前"黑盒"和"盲哑"的状态，让现场设备、机器和系统能够更加透明和智能。数字孪生体系架构需要更加丰富和强大的网络接入技术，以实现物理网络的极简化和运维智慧化。

数字孪生网络可以实现有效的数据分析、模型建立、映射交互等功能，其通过基础数据联系形成了不同状态和不同拓扑关系的网络结构，其中包含的数据信息等还可以按时间存储，实现实时共享与查询备份。针对不同的应用场景，可以选择适合的大数据存储方式，提高海量存储的可靠性，提升数据读写速度，降低成本，进一步提升数字孪生网络的功能性和多维性，有效满足不同行业的应用需求。

（一）数字孪生网络的网络架构

1.物理网络层

物理网络层是数字孪生网络的实体层，也是在映射交互网络关系中的主要响应层。在软件控制网络发出对应的数据信息后，物理网络层就可以实现高效的数据传输，使对应的实体设备产生反馈。一些中心化管理的企业承载网络、传输网络等，都为物理网络层。

2.孪生网络层

孪生网络层是数字孪生网络结构中的重要连接结构，也是这类系统中独有的架构层之一，可以通过数据共享、映射管理和网络孪生等不同的子系统运行，实现较为复杂的服务功能。在该层中，要求有统一的数据接口实现信息的传输共享。孪生网络层可以在抽象提取的过程中，利用拓扑结构帮助技术人员获取当前的数据模型结构，在接口端引入的可编程网络有利于实现信息功能的优化和呈现。

3.网络应用层

网络应用层的基本功能是实现各项需求的输入，经过系统分析与验证后再通过应用层进行分配部署，使物理层的各个实体可以实现对应的功能性响应。在应用层工作过程中，可以利用软件优化、可视化管理、验证反馈等方式来提升其功能。实际中，网络应用层的响应部署效率较高，且各项新技术、新应用等都可以搭载其中以实现服务拓展，应用优势较为突出。

（二）数字孪生网络的关键技术分析

1.数据信息采集

数据的采集是数字孪生网络系统运行的重要基础，只有在保证数据流真实、充裕的前提之下，才可以实现孪生网络对于实体层信息的准确还原，其实体与虚拟的映射关系也会更加的明确。在实现数据采集功能的过程中，需要根据当前的信息进行快速建模，并根据数据共享的实际需求判断数据信息的采集获取情况，以需求形成信息采集的反向驱动，进一步提升该环节的工作效率。常见的数据采集技术主要以自动化、遥感采集的方式为主，该系统可以根据使用需求进行定制化的数据采集指令编辑，并利用实时采集和推送反馈的方式来简化采集过程，应用的高效性和便捷性较为突出。遥测系统中的基础数据源包括了业务信息、运行和配置信息等多个对象，实际承载的协议类型也较多，基本可以满足不同情况下的各类信息获取需求。

2. 多元数据存储

为实现信息数据的共享和查询，需要在数字孪生网络内设计专门用于信息存储的模块及数据仓库。这些模块和数据仓库存储了各类稳定的数据流，可以按照主题、时间和类型等进行分类管理，相较于较为单一的信息源具有处理优势。在数据的存储运行过程中，需要以网络建模作为功能设计的基础，在实现数据的管理、处理时，可以利用分布式的系统结构予以执行；一些同类型、同功能的数据可以进行简化处理，形成更多元化的数据存储服务，甚至一些图形类的信息、非结构化数据等都可以予以应用。存储仓库的类型为多源异构，这样在实现并行处理时更有优势。在数据的检索、处理等方面，可以通过信息映射模型对其进行逐项处理，并通过接口实现更加多元化的功能服务。

3. 多维网络建模

在数字孪生网络当中，多维网络的基础定义主要来源于实体层。各类映射关系、数据特征等更具有表象性的信息都可以在数字孪生网络当中进行表征融合，在系统内会形成本体表征和映射关系的多维网络。多维网络根据不同的表征类型进行分类管理，在后续的数据处理分析时会更加有效。

技术人员可以通过反求工程、映射工程等方式，提前对数据库内的表征类型进行个性化处理。这种处理多源异构数据的方式具有较大的优势，表征融合的技术使其形成统一的格式，数据的映射关系也会更加明确。

针对一些存在虚拟映射的数据网络结构，在对其进行分析和计算的过程中，需要以一些科学的网络模型作为基础，如拓扑网络模型能够较好地抽象出这种映射关系，且在不同的应用需求下可以进行更加灵活的结构组合，令数据孪生网络的功能性更强。

4.可视显示技术

在实际使用数字孪生网络系统的过程中，根据数据分析的需求差异，有些应用者更倾向丁掌握实体和虚拟之间的对应关系。可以通过提取系统当中的可视化功能，实现更直观的应用。这种图形化的方式更有利于让人们了解不同映射关系的内在联系和价值，特别是在拓扑网络的节点分析上可以让人们更加清晰地了解系统的运行情况。对于更有价值的通信网络元素，可以按照距离最小的"节约模式"展开，这样有利于改善拓扑算法的网络结构关系。另外，在可视化抽象模拟的过程中，还可以以系统的功能元素为连接元素，在实际运行和分析的过程中利用软件系统进行反复优化。可视显示技术在模型探究推演和网络资源开发中都得到了较好的应用。

三、数字孪生建模

建模是创建数字孪生体的核心技术，也是数字孪生体进行上层操作的基础。建模不仅包括对物理实体的几何结构和外形进行三维建模，还包括对物理实体的运行机理、内外部接口、软件与控制算法等信息进行全数字化建模。

数字孪生的建模是将物理世界的对象数字化和模型化的过程，通过建模将物理对象表达为计算机和网络所能识别的数字模型，对物理世界的理解进行简化和模型化。数字孪生建模需要完成多领域、多学科的模型融合，以实现对物理对象各领域特征的全面刻画。建模后的虚拟对象会表征实体对象的状态，模拟实体对象在现实环境中的行为，分析物理对象的未来发展趋势。建立物理对象的数字化模型的技术是实现数字孪生的基础和核心技术，也是"数字化"阶段的核心内容。

模型实现方法研究主要涉及建模语言和模型开发工具等，它们关注如何从技术上实现数字孪生。在模型实现方法上，相关技术方法和工具呈多元化发展趋势（图 2-10、图 2-11）。

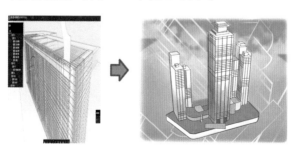

图 2-10　建筑信息模型

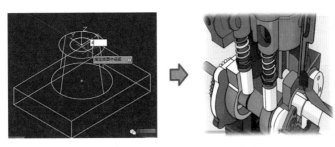

图 2-11　制造业 CAD 三维建模

从建模的实现过程来看,物理对象的建模包含四个步骤:模型抽象、模型表达、模型构建、模型运行。模型抽象将物理的设备、系统等对象抽象为数字化的几何、数据、接口、事件、状态、配置等;模型表达用建模语言对抽象模型进行表达,便于使用者理解模型;模型构建阶段使用模型工具进行组装、校验等;模型运行阶段将设计好的模型放在仿真器等环境中运行。

物理实体与数字孪生之间的实时、准确刻画需要基础支撑技术作为依托,同时只有经历多阶段的演进,才能更好地实现物理实体在数字世界中的塑造。从数字孪生建模过程中涉及的技术来看,不同领域的技术族可以按模型使用场景的不同来分析。

信息技术(IT)、运营技术(OT)、通信(CT)三个领域各有自己的特点。

IT 领域的建模目前主要集中在两个场景——物联网设备建模和数字孪生城市等场景建模。其中,物联网设备的建模主要由大的平台厂家推动,大多采用 JSON、XML 等语言,自定义架构,并采用 MQTT、CoAP 等应用传输协议进行虚实系统交互,以构建设备数据平台。

OT 领域的建模主要集中在复杂装备建模,对于 OT 领域复杂装备和场景的建模,需要融合机械、电气、液压等不同领域的知识。Modelica 是由瑞典非营利组织 Modelica 协会开发的一种开放的、面向对象的、基于方程的多领域统一物理系统建模语言,支持机械、电气、液压、控制、电磁等面向对象的组件模型构建。Modelica 开放、标准、与平台无关的特性,使其逐渐形成了丰富的模型库生态。利用模型库可大幅提高建模效率和质量,模型库也成为商业建模工具最重要的竞争手段。目前,工业界的三大工业建模工具都支持 Modelica 建模语言(图2-12)。另外,OPC UA 等技术为 OT 领域的信息模型构建提供了信息模型描述、信息模型模板等支持。

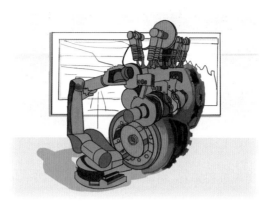

图 2-12 基于 Modelica 的复杂装备模型

CT 领域的模型构建主要集中在信息模型领域，聚焦网络基础设施和网络组网等能力的构建，以 SNMP/MIB 方式为主，实现网络中网元状态信息、配置信息等的交互。对于 CT 领域数字孪生的需求，目前业界正在研究 Telemetry 技术，用 NETCONF/YANG 来实现更高效的虚实交互能力。

从建模的层面来看，可以把模型构建分为几何模型构建、信息模型构建、机理模型构建等不同类型。在完成不同的模型构建后，再进行模型融合，以实现物理实体的统一刻画。如下图提供的模型融合架构，面对不同领域的多种异构模型，需要提供统一的协议转换和语义解析方法（图 2-13）。

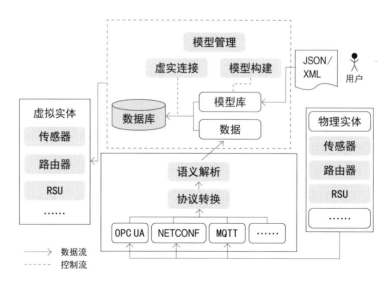

图 2-13 跨领域虚实交互框架

数字孪生模型的建立以实现业务功能为目标，建模技术最核心的竞争力源于工具和模型库。数字孪生模型库的组件可以是以人员、设备设施、物料材料、场地环境等信息为主要内容的对象组件模型库，也可以是生产信息规则模型库、产品信息规则模型库、技术知识规则模型库为主要内容的规则模型库，还可以是与人机交互、业务展示相关的几何、拓扑等模型库。

现代数字孪生城市建模融合了倾斜摄影、激光点云数据、地理信息系统基础数据、物联网数据以及其他业务数据，匹配不同尺度与不同颗粒度数据，生成多尺度数据融合标准，并以此标准为依据，自定义不同层级呈现的数据主题，完成人、事、地、物全要素的多尺度建模，实现物理空间与数字空间的分层次映射。同时，数字孪生建模基于深度学习技术，对点云进行语义分割，进行多种场景下的事件检测、事件相关元素及事件间关系的抽取，再进一步进行单体语义建模，形成三维语义模型，为模型赋予灵魂。

数字孪生模型库是与建模工具相辅相成的重要组成部分，作为数字孪生技术的底座和核心，模型构建的理论、方法和相关工具及模型库的发展，都是数字孪生的核心技术，是数字孪生技术应用的有效支撑。

四、数字孪生仿真

数字孪生体系中的仿真作为一种在线数字仿真技术，以将包含了确定性规律和完整机理的模型转化成数字的方式模拟物理世界。只要模型正确，并拥有完整的输入信息和环境数据，就可以基本正确地反映物理世界的特性和参数，验证对物理世界或问题的理解的正确性和有效性。我们可以将数字孪生理解为针对物理实体建立的相对应的虚拟模型，其模拟物理实体在真实环境下的行为。和传统的仿真技术相比，数字孪生仿真更强调物理系统与信息系统之间的虚实共融和实时交互，是贯穿全生命周期的高频次、不断循环迭代的仿真过程。因此，仿真技术不再仅仅用于降低测试成本，通过打造数字孪生，仿真技术的应用将扩展到各个运营领域，甚至涵盖产品的健康管理、远程诊断、智能维护、共享服务等。

数字孪生可通过模型对物理对象进行分析、预测、诊断、训练等（即仿真），并将仿真结果反馈给物理对象，从而帮助人们对物理对象进行优化和制定决策。因此，仿真技术是创建和运行数字孪生体、保证数字孪生体与对应物理实体实现有效闭环的核心技术（图2-14）。

图 2-14　仿真流程

　　随着与云计算、大数据、物联网、人工智能等新技术、新理念的融合，数字孪生仿真进入了一个新的发展阶段，向着数字化、网络化、服务化、智能化方向发展，体系逐渐完备。面向不同对象、颗粒度及系统架构维度，数字孪生仿真技术发展出很多种类和分支。

　　（一）按仿真对象划分

　　1. 工程系统仿真

　　工程系统仿真将实际工程的状态放在模型中进行模拟，通过仿真技术确认工程系统的内在变量对被控对象的影响，如制造过程的仿真。仿真技术已被用于产品制造的整个生命周期（图 2-15）。

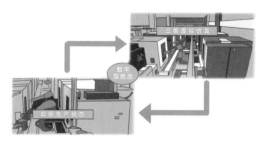

图 2-15　制造系统仿真

　　2. 自然系统仿真

　　自然系统仿真对自然场景进行真实模拟，如气候变化仿真、自然灾害仿真。部分自然场景具有不规则性、动态性和随机性，对自然场景的实时仿真具有重大的意义（图 2-16）。

图 2-16　自然系统仿真

3. 社会系统仿真

社会系统仿真是对复杂社会系统的描述与研究，有助于决策层快速掌握系统运行状态以及及时处理各种状况，如社会行为、经济行为的仿真（图2-17）。

图2-17　经济行为仿真

4. 生命系统仿真

生命系统仿真是一种以生命系统为研究对象，以生命的某种功能为系统划分原则，以定量研究为特点的新兴学科，如数字人体。数字人体是指用信息化与数字化的方法构建和研究人体，即将人体活动的信息全部数字化之后经由计算机网络管理的技术系统，用以了解人体系统所涉及的信息，其特别关注人体各系统之间信息的联系与相互作用的规律（图2-18）。

图2-18　数字人体仿真

5. 军事系统仿真

在军事仿真方面，涉及战争模拟、作战演练、装备使用和维修培训等应用场景，能节约经费、提高效率、保护环境、减少伤亡。如通过仿真进行军事演习，可以极大地降低演习的消耗，并避免人员的伤亡（图2-19）。

图 2-19　空军作战演练仿真

（二）按仿真颗粒度划分

1. 单元级仿真

单元级仿真即面向单个部分或领域的仿真，如机械结构仿真、控制仿真、流体仿真、电磁仿真等。

2. 系统级仿真

系统级仿真是面向单一系统整体行为的仿真，如汽车、飞机等产品的全系统仿真。

3. 体系级仿真

体系级仿真是面向由多个独立系统组成的体系的仿真，关注体系中各部分之间的关系和系统的涌现行为，如城市交通仿真、体系对抗仿真等。

（三）按仿真系统架构划分

1. 集中式仿真

集中式仿真是运行于单台计算机或单个平台上的仿真系统，适合构建中小型的仿真系统，便于设计和管理。

2. 分布式仿真

分布式仿真是运行于多台计算机或多个平台上的仿真系统，常用于大规模体系级仿真。

数字孪生仿真是仿真技术在制造领域的应用与物联网、虚拟现实等技术相结合的产物，在工业互联网浪潮的推动下，得到迅速传播。由于数字孪生的概念形象通俗，它引发了行业内外的广泛关注和浓厚兴趣，也使人们进一步认识到仿真技术的价值和重要性。仿真已经形成了较为完善的理论、方法和技术体系，这些将为数字孪生仿真的研究和应用提供坚实的基础和有力的支撑。

五、数字孪生可视化

可视化是数字孪生一系列建设成果的重要表达方式和直观展示窗口，也是实现物理空间和虚拟空间关联的重要技术手段。数字孪生可视化，不是对数字对象的简单呈现，而是根据具体业务场景，从模型处理、场景编辑、可视化渲染、脚本制作和虚实融合等多方面进行全时空、全过程、全交互、全实时的可视化服务，从而构建一个更加逼真的虚拟空间。

可视化渲染是数字孪生可视化的核心技术之一。高粒度三维渲染、实时动态渲染、基于风格选择的动态渲染及多重渲染特效、视频与三维模型无缝集成的虚实融合等不同类型的渲染，已经在城市数字孪生中得到应用。同时，数字孪生的特点决定了其对实时性要求较高，因此实时渲染就显得尤为必要。通过将扩展现实等技术进一步融入虚拟场景，实现"虚实一体"，为数字孪生提供了一种全新的实时动态的可交互的互动型可视化。城市数字孪生的三维渲染引擎需要对物理世界进行精确还原和逼真表现，支持与物理世界的虚实融合互动，因此将游戏引擎的高渲染能力和三维 GIS 引擎对地理信息的支持能力进行结合，将是满足城市数字孪生可视化需求的发展方向，也是目前行业内已形成共识的前进方向。

三维场景高效可视化技术基于游戏引擎、三维 GIS 技术、混合现实技术，多层次实时渲染复杂三维场景，可以覆盖从宏观的城市场景到局部的精细微观细节，支持三维场景全域远观、漫游，观察距离可达 32 千米，能够实现对空间地理数据的可视化表达，对物理场景进行 1 : 1 还原，实现地上地下一体化、室内室外一体化、静态动态一体化。地上地下一体化基于地形挖开和侧面剖切的方式，实现对地下空间展示浏览的可视化功能；支持将地下地质模型、水体模型等上升到地表，独立进行可视化查看，使地上地下三维场景既可以一体化展示，也可以独立化展示。室内室外一体化基于游戏引擎的流式关卡加载技术，可快速高效地实现由室外至室内的一体化浏览。静态动态一体化在大范围静态三维场景下，支持人流、车流等各类智能交通体的动态模型可视化。

数字孪生可视化技术主要包括以下几种：

1. 三维可视化技术

通过使用三维可视化软件，将数字孪生系统中的三维模型以真实的方式呈现出来，包括建筑物、机器设备、交通工具等。

2. 虚拟现实技术

通过使用虚拟现实设备，将数字孪生系统中的三维模型以沉浸式的方式呈现出来，使用户可以身临其境，感受数字孪生系统中的物理效果并与之交互。

3. 数据可视化技术

通过使用数据可视化软件，将数字孪生系统中的数据以图表、图形等可视化方式展示出来，方便用户进行数据分析和制定决策。

4. 人机交互技术

通过使用人机交互技术，实现用户与数字孪生系统的交互，包括手势识别、语音识别、虚拟键盘等，以方便用户进行操作和控制。

第三章　数字孪生与相关技术

从数字孪生分层架构的底层到顶层，主要支撑技术包括物联网、5G/6G、大数据、建模、仿真分析、云计算、边缘计算、人工智能、应用程序接口技术（API）、扩展现实（Extended Reality，XR）技术等。具体来说，数据层的数据采集需要用到物联网技术，数据传输需要用到 5G/6G 技术，数据处理需要用到大数据技术，模型构建层与仿真分析层需要用到建模与仿真分析等技术，功能层（共性应用层）在实现描述、诊断、预测、决策等功能时需要用到边缘计算、云计算、人工智能等技术，在功能层与行业应用层之间还需要用到应用程序接口、扩展现实等技术。另外，在数字孪生的应用中还需要特别重视安全问题，而区块链技术是解决安全问题的方法之一。

数字孪生的主要支撑技术与应用场景相关，在不同的场景应用数字孪生，需要不同方面技术的支撑。

第一节　数字孪生与扩展现实技术

扩展现实（XR）技术包括虚拟现实（Virtual Reality，VR）、增强现实（Augmented Reality，AR）、混合现实（Mixed Reality，MR）技术等。

VR 提供虚拟世界的沉浸式体验，将数字孪生构建的三维模型与各种输出设备结合，模拟出能够使用户体验脱离现实世界并可以交互的虚拟空间。用户可以在数字孪生建立的虚拟现实世界中体验到真实的感受，其模拟的环境与现实世界真假难辨，让人有种身临其境的感觉。同时，VR 具有一切人类所拥有的感知功能，比如听觉、视觉、触觉、味觉、嗅觉等。VR 还具有超强的仿真系统，真正实现了人机交互，使人在操作过程中可以随意操作并得到环境最真实的反馈。数字孪生与虚拟现实技术的存在性、多感知性、交互性等特征使其受到了许多人的喜爱（图 3-1）。

图 3-1 虚拟现实技术的应用

AR 能够将虚拟画面叠加到现实场景中，增强现实认知，是 VR 的发展延伸。AR 将虚拟世界内容与现实世界叠加在一起，使用户体验到的不仅仅是虚拟空间，更能实现超越现实的感官体验。

MR 能够将虚拟画面叠加到数字化的现实画面，能产生沉浸式的虚实叠加效果。MR 在 AR 的基础上搭建了用户与虚拟世界及现实世界的交互渠道，进一步增强了用户的沉浸感。

扩展现实技术能够提供对数字孪生显示的有效支持，通过立体沉浸的画面提供精确可视的决策支持，使数字空间的交互更贴近物理实体。在扩展现实技术的支撑下，用户与数字孪生体的交互类似物理实体的交互，而不仅限于传统的屏幕呈现，使得数字化世界在感官和操作体验上更接近现实世界，根据数字孪生体制定的针对物理实体的决策也将更准确、更贴近现实。

随着数字孪生的出现，扩展现实技术大幅提高了设计、执行的水平。通过 5G 从云端流式传输进行 XR 体验是当今流行的趋势之一，它使 XR 体验不再受到工作站或空间的限制。通过 5G 云端流式传输，人们可以使用 XR 设备从数据中心获得运行 XR 体验所需的算力，而且不受地点和时间的限制。先进解决方案正在使沉浸式的流式传输变得更加普及，使更多 XR 用户可以在任何地方体验高度逼真的环境。

扩展现实技术在数字孪生中的应用十分广泛。数字孪生是一个虚拟的复制体，它可以模拟现实世界中的物体、系统或流程。扩展现实技术可以将数字孪生与现实世界进行融合，让用户通过相关设备观察和控制数字孪生。

　　在工业领域，扩展现实技术可以用于工厂生产线的监控和优化，以及设备的维护和修理（图 3-2）。在教育领域，扩展现实技术可以用于模拟复杂的科学实验和机器运行过程，帮助学生更好地理解抽象概念或难以观察的物理现象（图 3-3）。在医疗领域，扩展现实技术可以用于模拟身体部位和病变情况，辅助医生进行准确的诊断和手术操作（图 3-4）。在建筑领域，扩展现实技术可以用于建筑设计和施工过程中的可视化和优化，可以在虚拟环境中进行材料和结构的模拟测试（图 3-5、图 3-6）。在军事领域，扩展现实技术可用于模拟作战情况和训练，提高军事作战效率。

（a）通过 VR 观测 3D 仿真建模　　　　（b）设备的维护监控功能

图 3-2　VR 及 AR 的工业应用

图 3-3　VR 教学

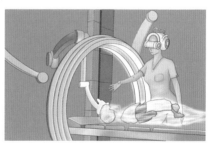

图 3-4　VR 诊断和手术

图 3-5　建筑信息模型与 VR 的结合

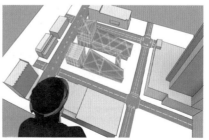

图 3-6　VR 体验设计

需要注意的是，使用数字孪生和扩展现实技术需要重视数据隐私和安全，同时需要对技术的可操作性进行充分的测试和验证。

第二节　数字孪生与机器人技术

机器人具有感知、决策、执行等能力，可以辅助甚至替代人类完成危险、繁重、复杂的工作。机器人能够辅助人类提高工作效率与质量，或者扩大、延伸人的活动及能力范围（图3-7）。机器人技术包括实体的物理机器人，也包括机器人流程自动化（Robotic Process Automation，RPA）等软件系统。机器人技术和数字孪生可以说是互相推进、协同发展的。一方面，机器人技术依赖数字孪生技术，由数字孪生对机器人的组件和系统进行精准监控、预测和控制，保证机器人研发更高效，让机器人拥有更高的可靠性和稳定性，能够更加精确地执行任务，以及更方便地被维护；另一方面，机器人技术与数字孪生技术的机理类似，机器人技术的发展也将推动数字孪生技术的发展。

图3-7　机器人作业

机器人技术在数字孪生中的应用非常广泛，它们可以帮助数字孪生更好地模拟生活中的实际情况。

图3-8　巡检机器人

1. 自主探索

机器人可以被配置为数字孪生的一部分，自主探索并捕捉现实世界的数据。它们可以在现实世界中调查不同的现象，收集不同的数据，并将这些信息反馈回数字孪生（图3-8）。

2. 模拟测试

机器人技术可以帮助人们进行各种测试和调整，从而指导数字孪生中的产品和流程开发。通过机器人的帮助，数字孪生可以更准确地模拟现实世界中的运动和响应，以便快速优化产品设计和制造流程（图3-9）。

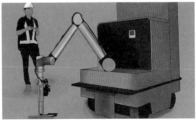

图 3-9　机器人模拟作业

3. 物流自动化

机器人可以实现数字孪生中的物流自动化，进行仓储物品的自动装载和收取，在提高效率的同时降低运营成本（图 3-10）。

图 3-10　机器人自动化

4. 人机协作

在一些需要大量重复劳动的工作中，机器人可以协助人类工作。例如，机器人可以完成工业生产中的装配、材料处理等工作，人类则可以专注于更高层次的任务（图 3-11）。

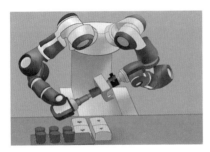

图 3-11　人机协作

数字孪生和机器人技术可以结合起来，实现更加智能化和高效化的机器人操作和控制。具体来说，数字孪生技术可以为机器人提供多方面的支持。

1. 设计优化。通过数字孪生技术，可以对机器人进行数字化建模和仿真，实现机器人的设计优化和性能提升。

2. 编程控制。通过数字孪生技术，可以对机器人进行数字化编程和控制，实现机器人的自主决策和行动。

3. 操作维护。通过数字孪生技术，可以对机器人进行数字化操作和维护，实现机器人的远程监控和维护。

4. 数据分析。通过数字孪生技术，可以对机器人产生的数据进行分析和处理，实现机器人的智能化决策和优化。

总体来说，机器人技术和数字孪生的结合可以帮助不同领域更准确地模拟现实情况，加快对产品和流程的优化，提高效率和生产力。

第三节　数字孪生与地理信息系统

地理信息系统（Geographic Information System，GIS）是一个非常重要的特殊空间信息系统，它是在计算机硬件和软件系统的支持下，收集、存储、管理、计算、分析、显示和描述整个或部分地球表面（包括大气）的地理分布数据的技术系统。GIS 提供的地理信息服务，是一种可以输入、存储、查询、分析和显示地理数据的计算机系统和服务。GIS 结合地理学、地图学以及遥感和计算机科学，能够对空间信息进行分析和处理，并进行视觉显示。

GIS 和数字孪生都是基于数字技术和计算机科学的领域，二者可以结合应用于许多领域。GIS 对于涉及空间建模的数字孪生尤为重要，例如城市规划、土地利用、环境保护、能源管理、交通规划等，都依赖 GIS 进行孪生体的构建（图 3-12、图 3-13）。

　　图 3-12　三维 GIS 城市规划　　　　图 3-13　三维 GIS 交通规划

GIS 具有广泛的应用领域,结合数字孪生,体现出更大的优势与价值。

1. 资源管理

GIS 在资源管理方面主要应用于农业和林业领域,解决农业和林业领域各种资源(如土地、森林、草场)分布、分级、统计、制图等问题。数字孪生技术可以将农作物、树木的生长仿真、管理态势及智慧联动进行综合管理。GIS 主要回答"定位"和"模式"两类问题,而数字孪生解决场景和展示等问题。在这里,GIS 作为一个大脑,指导你到哪里找资源,找什么样的资源,告诉你能找到多少,等等;而数字孪生则作为一个智能的应用,让这个过程更智能、联动。数字孪生像一个勤快、多能的伙伴,帮你集成更多的能力伙伴,组织大家友好合作,让大家更好地沟通、联动,将结果更好地表现出来。

2. 资源配置

城市中各种公用设施的配置,救灾减灾中物资的分配,全国范围内的能源保障、粮食供应等都是资源配置问题,GIS 在这类应用中的目标是保证资源的最合理配置和使资源发挥最大效益。数字孪生提供感知、交互、场景应用、可视化等功能。比如能源、粮食等资源的配置、计算、定位由 GIS 处理;而综合平台交互,相关应用扩展、集成,底层智能监控、传感,以及资源配置仿真、可视化由数字孪生支撑。两者相互关联、相互支撑,实现能力最大化。

3. 城市规划和管理

GIS 可以与数字孪生结合使用,将真实世界的数据与虚拟世界的信息相结合,实现更好的决策和管理。例如,通过数字孪生技术与 GIS 结合使用,可以建立城市的数字模型,进行城市规划、土地利用、环境保护、交通规划等方面的工作。另外,GIS 还可以集成其他相关数据,如人口数据、社会经济数据等,加强对城市的全面分析。这种结合方式可以帮助城市规划人员、政府官员、企业以及普通公众更好地了解城市的现状和未来发展趋势;也可以帮助人们了解城市的地形和地貌,识别潜在的自然灾害风险区域;还可以规划交通网络,管理城市基础设施和公共服务,从而制定更科学、更有效的政策和发展战略。

城市信息模型(City Information Modeling,CIM)底座是数字孪生的重要表达。数字孪生通过建模技术对整个城市进行还原与克隆,内容包括人员构成、产业结构、交通网络、能源分布、公共设施等。空间规划是 GIS 的一个重要应用领域,城市规划和管理是其中的主要内容。例如，在大规模城市基础设施建设中，如何保证绿地的面积并使其合理分布，如何保证学校、公共设施、运动场所、服务设施等能够有最大的服务覆盖面，等等。两者的结合将城市规划与管理推向新的高度。

GIS 的空间叠加分析技术、三维分析技术、交通网络分析技术、空间研究分析技术、规划信息管理技术等，在城市的规划和管理中起着不可替代的作用。结合数字孪生虚实相映、联动、仿真等技术，整个城市规划和管理会更加形象、全面，可视、可听、可感、可控、可管，让管理更加智慧化。

4. 土地信息系统和地籍管理

数字孪生模型底座可以将土地规划、房产结构、区域结构、管理结构、信息结构进行还原。土地和地籍管理涉及土地使用性质变化、地块轮廓变化、地籍权属关系变化等许多内容，这些工作借助 GIS 技术可以高效、高质量地完成。

进行规划设计时，需要计算规划地块的开发强度、建筑密度、建筑面积、绿化率、人口密度、容积率等规划指标。按照常规方法，需要在 CAD 软件中用手工方法量取图形的面积并计算数量。这种方法效率低、错误率高，直接影响规划设计的质量。GIS 技术令这种局面彻底改观。它以数据库技术为支撑，在建库时进行分层处理，即根据数据的性质分类，将性质相同或相近的归并在一起，形成一个数据层。这样，可以对图形数据及其属性数据进行分析和指标量算，极大地减轻规划设计人员的劳动强度。

5. 生态、环境管理与模拟

数字孪生可以建立大生态模型底座，模拟仿真生态环境状态与发展变化趋势，对生态管理、环境管理的感知、监测、分析、预测提供建设性建议。GIS 则可以应用在区域生态规划、环境现状评价、环境影响评价、污染物削减分配的决策支持、环境与区域可持续发展的决策支持、环保设施的管理以及环境规划等方面。

在环境监测工作中，GIS 技术主要负责对采集的环境信息进行实时的存储、处理、显示以及分析等工作，所生成的数据信息也能够为环境保护的决策人员提供更多的决策依据。基于 GIS 技术，还可以利用历年来所有的环境监测数据生成数字地图，以便更直观地看到环境监测数据的变化情况，为后续的环境保护工作提供更多的决策指引。

如果在自然生态现状分析的过程中应用 GIS 技术，就能够精准地计算森林的砍伐面积、各地区的水土流失情况等，能够更直观地看到生态环境的破坏程度，便于更加客观地评价波及范围；各级政府在进行生态环境综合治理的过程中，也能够有更多科学的依据，以提出更多行之有效的应对策略，提高环境治理的质量。

当前，国家在针对西部的多个省市开展生态环境调查的过程中应用了 GIS 技术和遥感技术，实现了全面调查。所生成的调查结果比较直观、真实地反映了西部地区的生态环境状况，总结了生态变化的空间规律、空间分布情况等，这也为后续的资源环境改善工作提供了更多的科学依据，有助于推动西部地区的经济和环境进一步发展。

数字孪生的智慧化及整个技术体系与业务架构，赋予了 GIS 灵活的应用方式，两者密不可分。

6. 应急响应

在发生洪水、战争、核事故等重大灾害时，GIS 可以安排最佳的人员撤离路线并配备相应的运输和保障设施。数字孪生可以建立基础模型底座，模拟各类应急响应。

例如，GIS 基于基础地理空间数据及地震相关专题数据等，结合数字孪生技术，能够构建地震应急预评估辅助决策系统，实现损失快速评估，灾情数据快速查询、定位，绘制统计分析、应急专题制图等功能，具体包括震中地理位置精确定位、绘制等震线、设定地震烈度、初评估计算、统计分析、分类别专题综合查询统计、地图成果输出等。

7. 地学研究与应用

地形分析、流域分析、土地利用研究、经济地理研究、空间决策支持、空间统计分析、制图等，都可以借助 GIS 工具完成（图 3-14）。

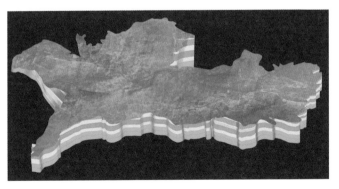

图 3-14　地质模型建立与应用

利用三维 GIS 技术和数字孪生，规划设计人员和管理人员可以实时、交互地观察不同方案在城市环境中的实施效果，可以从任意角度、方向，沿任意路线对不同方案加以比较，从而为从空间角度评价建筑提供了更加直接、有效的手段，而这些是以往的平面图和建筑缩微模型所难以做到的。利用三维 GIS 技术，还可以对规划方案与山体之间的关系进行分析，对方案的高度、体量、外观等与整个城市的空间关系进行分析，对地下不可见的管线进行可视化分析。同时，还可以将空间数据与属性数据结合到一起，令规划管理人员可以轻易地查询到虚拟城市中建筑物的相关信息；结合对建筑物的空间分析，有助于规划管理人员对方案的优劣进行评估，从而做出正确的判断和决策。

8. 商业与市场

商业设施的建立需要充分考虑市场潜力。例如，大型商场的建立如果不考虑其他商场的分布、待建区周围居民区的分布和人数，建成之后就可能无法达到预期的市场和服务效果。甚至商场销售的品种和市场定位都必须与待建区的人口结构（年龄构成、性别构成、文化水平）、消费水平等结合起来考虑。

数字孪生系统的模型技术与仿真技术可以模拟城市空间、人员结构，展示社会关系，结合 GIS 的空间分析与数据库功能，可以解决上述问题。另外，房地产开发和销售过程中也可以利用 GIS 辅助进行决策和分析。

9. 基础设施管理

城市的地上地下基础设施（电信、自来水、道路交通、天然气管线、排污设施、电力设施等）广泛分布于城市的各个角落，且这些设施明显具有地理参照特征。

数字孪生建模、仿真、应用、管理、集成专业化的业务系统，GIS 形成对空间、定位、结构的管理、统计、汇总，可以大大提高对基础设施管理的工作效率。

10. 网络分析

利用 GIS 和数字孪生技术，可以通过建立交通网络、地下管线网络等的模型，研究交通流量，处理地下管线突发事件（如爆管、断路等），优化警务和医疗救护路径，完善车辆导航，等等（图 3-15）。

GIS 与数字孪生都基于数字技术，二者结合之后，能够实现更好的决策和管理，正在向更多的领域展开深入应用。

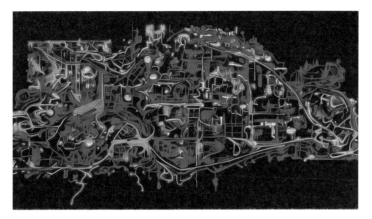

图 3-15　空间查询与网络分析

第四节　数字孪生与边缘计算、云计算

（一）数字孪生与边缘计算

边缘计算，是 5G 时代最核心的技术之一。它通过在靠近应用设备的地方进行存储和计算，将各类计算资源配置到更贴近用户侧的边缘，能够支持数据本地化保护，降低应用的响应时延，支持以更低的网络成本处理大流量业务。边缘计算可以在智能手机等移动设备、边缘服务器、智能家居、摄像头等靠近数据源的终端上完成，从而减少与云端之间的传输，降低服务时延，节省网络带宽，减少安全和隐私风险。任何具有数据本地化需求，要求低响应时延、大流量，要求减少传输压力的应用，均可以使用边缘计算，以提升应用能力。

数字孪生涉及大量数据的实时处理，边缘计算能够进行本地数据的过滤，降低流量成本，同时支持实时的决策和控制响应。物联网设备和边缘计算赋予数字孪生边、端强大的支撑，从运营效率、响应时间、生产力水平、远程能力、安全性等方面给予数字孪生强大的加持，弥补并强化了数字孪生在大场景、大交互、细分专业领域等方面的不足之处。

1. 分支机构

利用边缘计算，智能设备和传感器减少了企业运行所需的资源数量。在边缘计算的辅助下，暖通空调（HVAC）系统控制、检测复印机何时需要维修的传感器、安全摄像头等仅需向企业主数据中心发送最重要的设备警报即可。

2. 制造业

利用边缘计算,工厂和仓库中的智能设备可以据高生产率,降低生产成本,并提供质量控制、解决监控设备的日常维护和故障问题,还可以保护工人的安全。将数据和分析保存在工厂车间,而不是发送到中央数据中心,有助于降低成本与延迟。

3. 工业

电力和公用事业公司可以使用物联网传感器和边缘计算来提高效率,实现电网自动化,简化维护流程,并弥补远程位置网络连接的不足。为风力发电场、石油钻塔和其他远程能源设备等配备物联网装置,可帮助其应对恶劣天气和其他环境挑战。这些设备可以在能源站点或其附近处理数据,并只将最重要的数据发送到主数据中心。在石油和天然气行业,物联网传感器和边缘计算提供了重要的实时安全警报功能,能够通知关键人员何时需要进行必要的维修以及可能导致爆炸或其他灾难的危险设备故障。

4. 农业

物联网传感器和无人机可以帮助农民监控设备温度和性能,分析土壤、光线和其他环境数据,优化作物用水和养分的供给,实现更高效率的收获作业。边缘计算使物联网技术的使用更加经济高效,有助于提高网络连接受限的偏远地区农业生产效率和产量。

5. 零售

大型零售商通常会在各个商店收集大量数据,通过边缘计算,零售商可以提取更丰富的信息,并做出实时反应。例如,零售商可以收集顾客客流量数据,跟踪销售数据,监控商店促销活动的实施情况,并使用这些本地数据更有效地管理库存,做出更快、更明智的决策。

6. 卫生保健

边缘计算在医疗卫生领域的应用非常广泛。例如,疫苗包装附带的温度传感器有助于确保疫苗在整个供应链中保持完整性;智能呼吸机和心脏监测仪等家用医疗设备可以收集患者数据,并将相关信息发送给患者的医生和医疗保健网络;医院可以通过使用物联网技术跟踪患者的生命体征,更准确地跟踪轮椅和轮床等设备的状态,从而更好地为患者服务。

7. 自动驾驶汽车

边缘计算使自动驾驶的反应更加快速,同时能够改善云服务的时间成本和流量成本问题，有助于自动驾驶汽车对交通信号、路况、障碍物、行人和其他车辆做出即时、正确的实时响应（图3-16）。

图 3-16　自动驾驶与边缘计算

（二）数字孪生与云计算

云计算为数字孪生提供了重要计算基础设施。云计算采用分布式计算等技术，集成强大的硬件、软件、网络等资源，为用户提供便捷的网络访问；用户通过按需计费、可配置的计算资源共享池，借助各类应用及服务完成对目标功能的实现，而无需关心功能的具体实现方式，显著提升了各类业务的开展效率。云计算根据网络结构可分为私有云、公有云、混合云和专有云等，根据服务层次可分为基础设施即服务（Infrastructure as a Service，IaaS）、平台即服务（Platform as a Service，PaaS）和软件即服务（Software as a Service，SaaS）。

数字孪生涉及大量数据的存储和计算，包括历史和实时的数据，需要大量的存储空间和算力。云计算的发展和随之而来的成本下降，是数字孪生得以应用和发展的基础。

云计算和数字孪生是两个不同的概念，但它们可以相互结合、应用。云计算通过网络提供计算资源和服务，用户可以通过互联网随时随地获取和使用这些资源和服务。而数字孪生是通过数字技术将物理实体的数字化版本与其实际存在的实体相连接，实现实时监控、仿真、预测和优化等功能，为工业、城市管理、医疗、交通等领域带来了极大的变革。

两者结合起来的应用场景可以涵盖很多方面。例如云计算可以提供强大的计算和存储能力，支持数字孪生技术大规模数据的处理和分析；数字孪生可以通过真实数据模拟场景，为云计算提供更加全面的数据支持；云计算可以利用数字孪生模型，在智能制造、智慧城市等大数据场景下，实现可视化、可交互和可控制的数字孪生系统；数字孪生可以为云计算提供更加准确的数据和预测结果，支持智能化的决策和优化。总的来说，云计算和数字孪生的结合将为未来智慧化的城市管理、生产制造、医疗卫生、交通运输等领域带来巨大的发展和变革。

（三）边缘计算与云计算

前面讲过数字孪生和边缘计算的关系，也讲了数字孪生和云计算的关系，那么，边缘计算和云计算是什么样的关系呢？

边缘计算和云计算都以云、边、端协同的形式为数字孪生提供分布式计算基础。在终端采集数据后，将一些小规模局部数据留在边缘端进行轻量的机器学习及仿真，只将大规模整体数据回传到中心云端进行大数据分析及深度学习训练。对于高层次的数字孪生系统，这种云、边、端协同的形式能够更好地满足系统的时效、容量和算力需求，即将各个数字孪生体靠近对应的物理实体部署，完成一些具有时效性或轻度的功能，同时将所有边缘侧的数据及计算结果回传至数字孪生总控中心，进行整个数字孪生系统的统一存储、管理及调度。

打个比方，完全依赖云计算的计算机系统，就好比每一件事都要请示司令部的军队，在需要和外界大量互动的时候会显得十分僵化。而且，网络一旦出现什么问题，计算机系统基本就瘫痪了。边缘计算，就好比在军队中让中低级军官也开始发挥主观能动性，能在一定程度上"自己搞"，并做出智能判断和行动上的决策。同时，因为只需要把一部分经过筛选的数据上传，大大缓解了网络通信的压力。边缘计算不但可以缓解网络宽带和数据中心的压力，还能提升服务器的响应能力，保护隐私数据的安全（图3-17）。

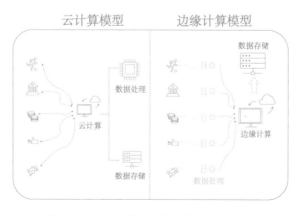

图 3-17　云计算和边缘计算的关系模型

第五节　数字孪生与大数据

　　大数据处理、存储和分析技术是实现数字孪生的基础。一方面，基于大数据可以对现实生产中产生的业务数据进行采集、整理和分析处理，形成结构化的、可以供给数字孪生模型的数据"养料"；另一方面，大数据也可以支持数字孪生模型进行智能化决策计算，发挥数字孪生的业务价值。大数据是数字孪生和现实世界的交互信息和知识依据，是数字孪生的基础支撑技术。

　　大数据技术驱动的数字思维改变了人们的决策模式，在关键决策上，人们不再局限于局部的因果关系，而更加重视各类事物之间的关联关系。人们更加信任量化的数据，基于大数据能够使人们快速做出决策，立即采取行动。

　　大数据技术驱动的数字思维改变了人们的管理模式。实时的数据无法造假，使流程更加透明，有助于推动管理的扁平化，提升管理效率。大数据使人们视角更全面，有助于合理调配企业资源，提升管理效率（图3-18）。

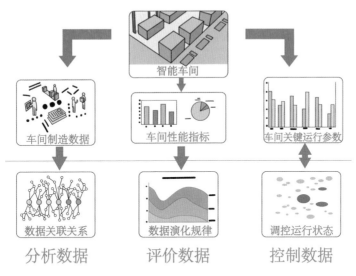

图 3-18　大数据驱动车间运行

　　大数据技术驱动的数字思维改变了人们的商业模式。数据可以成为一种商品，满足客户的信息消费需求，拥有商业价值；数据可以形成一种服务，以数据能力汇聚商业资源，形成竞争优势（图3-19）。

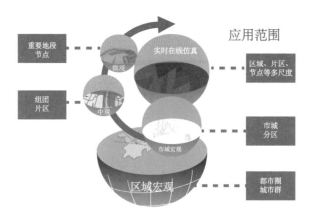

图 3-19　大数据应用下的商业思维

　　数字孪生和大数据有着密切的关系。数字孪生需要获取、处理和分析大量传感器数据，构建精确的模型，并进行实时的监控和管理，这些都需要大数据技术和方法来支持。同时，大数据也可以从数字孪生中获取更为准确、全面的数据，优化决策制定流程，提高效率，降低成本。

　　数字孪生和大数据的应用非常广泛。比如在制造业中，数字孪生可以帮助人们设计产品和优化工艺，大数据则可以从生产线上收集海量的数据，帮助人们进行全面分析和优化；在城市规划中，数字孪生可以用来建立城市模型，而大数据则可以从城市中收集各种数据，进行交通、环境和资源的优化；在医疗中，数字孪生和大数据可以用来建立患者模型，进而帮助人们进行疾病诊断和治疗方案的优化。

第六节　数字孪生与人工智能

　　人工智能对于数字孪生模型参数的设置和策略优化非常重要。基于人工智能，人们可以对历史业务数据进行分析，得到一些不易通过直接采样获得的数字孪生模型业务参数。另外，人工智能的相关技术可以帮助人们通过数字孪生获得知识积累，优化决策控制，为业务运营创造价值。

　　数字孪生可以作为实体的虚拟代表，通过传感器等技术与物理实体进行联动，产生大量的数据和反馈信息。人工智能通过基层物联网采集数据，进行大数据存储、分析；利用云计算算力，将这些数据和反馈信息用来训练和优化相应的人工智能算法，最终形成可执行的人

数字孪生：驱动虚拟与真实世界的数字化发展

工智能；通过边缘或云端，对基层对象进行反馈、控制，从而实现自动控制、智能化决策和优化管理等功能（图3-20）。

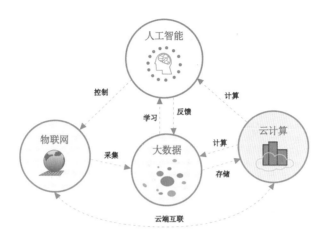

图 3-20　人工智能与物联网、大数据、云计算的关系

例如在工业生产中，数字孪生可以将工厂的各种设备、流程、生产线等虚拟化为数字影像，再通过人工智能算法对这些数据进行分析和优化。这些算法可以进行故障预测、大规模监控、自动调整等工作，从而提高生产效率，降低成本，增强产品质量。

数字孪生和人工智能的结合，还可以在军事、医疗、建筑、智慧城市等众多领域产生巨大的应用价值。比如建立一个医院的数字孪生系统，可以快速模拟各种疾病并通过人工智能算法提供诊断和治疗的优化方案，从而提高医疗效率和降低医疗风险（图3-21）。

在智慧城市中，数字孪生可以对不同领域，如交通、能源、安全等进行模拟，而人工智能则可以从大量的传感器数据中提取出城市运行的需求并做出相应调整。

图 3-21　人工智能模拟医疗诊断

另外，人工智能技术实现设备还具有自主决策和尽可能自主执行任务的能力。例如在汽车研发中加入智能算法，可以实现自动转向、加速和紧急情况下的自动制动，不用耗费驾驶员过多的精力。在汽车研发中加入智能算法的最终目标是实现完全自动驾驶，即通过数字化、激光雷达、高精度地图和人工智能等技术，让驾驶员坐在汽车内不用自己操控，也不用担心路况以及天气的影响，真正实现无条件的全自动驾驶。

第七节　数字孪生与区块链

数字孪生的核心是数据的集成，要实现对系统的信任，就必然要解决数据的可信度问题，而这正是区块链的核心能力。

数字孪生包括系统级别和过程级别的复杂模型。这类复杂模型依赖多个设备孪生体、多方组织数据和连接的协同。数字孪生体在实际构建中依赖大量的数据计算，因此，其对数据可信度和计算基础设施可信性具有很高的要求。截至目前，数字孪生体系多采用"中心化"的方式构建，即数字孪生体通过中心服务器输入数据并运行仿真模拟过程，其结果能被更多人认可的前提是参与各方对"中心化"系统的高度信任。

区块链是一种按照时间顺序将数据区块以顺序相连方式组合成的链式数据结构，是以密码学方式保证的不可篡改和不可伪造的分布式账本。区块链本质是一种分布式基础架构与计算方式，可以保证数据传输和访问的安全。区块链具有以下特点：

1.区块链上的数据具备公开透明、不可篡改的特性，支持线上高可靠、可信任的数据和资产共享，支持数据可视化追溯。

2.区块链通过加密认证手段，支持分布式线上数据和模型，保障线上孪生系统的稳定性和可靠性。

3.区块链的分布式共识机制，支持数字孪生系统需要协同的多方组织达成统一共识。

4.区块链的智能合约支持按需进行跨组件、跨系统的过程有效性校验，支持跨组件、跨系统的数据和模型交易。

从以上特点可以看出，区块链作为为数字孪生提供可信数据的平台，具有以下价值和意义：

1.区块链的优势在于能够解决数据的可信度问题，为数字孪生构造一个可信的计算平台。区块链可与数字孪生体模型的创建、访问和控制等结合，进行数据保护和事件记录，保证数字孪生的安全。

2. 从区块链与数字孪生赋能数字经济的角度来看，政府将在区块链的运行规则制订、信息监管、数据隐私、数字孪生体监管、城市建设和管理优化以及隐私权保护等领域发挥重要作用。例如，新加坡利用数字孪生优化城市建设。

3. 区块链融合数字孪生具备六大优势：一是可进行身份管理，包括数字证书存储和防伪造管理；二是能保护数据安全，包括加密算法和防篡改；三是可进行实时监测，包括物理空间镜像和实时同步更新；四是能可靠协同，包括分布式账本和共识协议；五是可接入控制，包括认证接入列表和分布式控制；六是能追溯审计，包括透明公开数据和事件链可追溯。

以数字身份这一场景为例，数字身份大致分为设计、构建、测试和交付四个步骤。区块链与数字身份相结合，可以在其创建和使用的整个过程中起到重要的保护作用。

4. 区块链与数字孪生和人工智能相结合，能够增强数据的隐私保护能力。联邦学习（Federated Learning, FELE）是人工智能的热门方向之一，它是一种分布式的机器学习技术，能够保护人们的个人隐私信息。区块链、数字孪生和联邦学习结合后，能够进一步增强数据隐私保护能力。例如在数字孪生体中引入区块链技术，通过记录、检索和验证数据、参数以及模型，保护数字孪生体的接入和使用。

5. 通过数字孪生与区块链技术结合，采用全新的边缘计算资源共享理念进行边缘关联，在互不可信的用户之间建立信任，可增强数字孪生体的安全性和可靠性，实现存储数据和信息、验证训练的参数和数字孪生模型、管理授权用户信息和参数信息等功能。

6. 区块链技术为数字孪生赋能，能够为解决许多中心化系统难以解决的难题提供有效的思路。

7. 数字孪生和区块链的结合，完成了功能性的突破。区块链作为一个保护机制，可以最大程度保证数据的安全。拿模拟驾驶舱类比，舱内积累了人们有史以来遇到的各种飞行状况的数据信息，一旦被篡改，将对飞行员训练造成莫大的损失。数字孪生的资产有对应的价值，在被区块链"上链"后，就变成了真正的资产，可以用于交易、共享和开发。

第四章 数字孪生的应用领域

数字孪生具有广泛的应用，目前主要集中在智能制造、航空、交通、能源、医疗等领域。随着数字孪生技术的发展和产业关注的提高，其应用场景也将越来越广泛（图 4-1）。

图 4-1 数字孪生应用领域

数字孪生：驱动虚拟与真实世界的数字化发展

第一节 智能制造

一、数字孪生智能制造应用概述

在智能制造浪潮下，数字孪生成为最为关键的基础性技术之一。数字孪生作为连接物理世界和信息世界的虚实交互闭环优化技术，已成为推动制造业数字化转型、促进数字经济发展的重要抓手。数字孪生以数据和模型为驱动，打通业务和管理层面的数据流，实时、连接、映射、分析、反馈物理

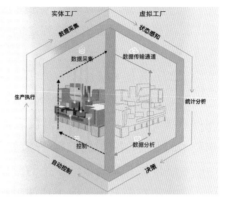

图4-2 制造业数字孪生概念视图

世界行为，使工业全要素、全产业链、全价值链达到最大限度闭环优化，助力企业提升资源优化配置，有助于推进制造工艺数字化、生产系统模型化、服务能力生态化（图4-2）。

二、智能制造数字孪生建设体系

智能制造领域的数字孪生体系框架主要分为六个层级，包括基础支撑层、数据互动层、模型构建层、仿真分析层、功能层和应用层（图4-3）。

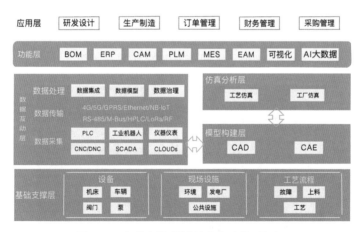

图4-3 智能制造领域数字孪生体系框架

（一）基础支撑层

数字孪生的建立以大量相关数据作为基础，需要给物理过程、设备配置大量的传感器，以检测并获取物理过程及其环境的关键数据。

right
第四章 数字孪生的应用领域

59

传感器检测的数据大致上可分为三类：

1. 设备数据，具体可分为行为特征数据，如振动、加工精度等；设备生产数据，如开机时长、作业时长等；设备能耗数据，如耗电量等。

2. 环境数据，如温度、大气压力、湿度等。

3. 流程数据，即描述流程之间逻辑关系的数据，如生产排程、调度等。

（二）数据互动层

工业现场数据一般通过分布式控制系统（DCS）、可编程逻辑控制器系统（PLC）和智能检测仪表进行采集。随着深度学习、视觉识别技术的发展，各类图像、声音采集设备也被广泛应用于数据采集中。

数字传输是实现数字孪生的一项重要技术。数字孪生模型是动态的，建模和控制基于实时上传的采样数据进行，对信息传输和处理时延有较高的要求。因此，数字孪生需要先进可靠的数据传输技术，要求其具有更高的带宽、更低的时延，支持分布式信息汇总，并且具有更高的安全性，能够实现设备、生产流程和平台之间的无缝、实时双向整合／互联。5G技术因其低时延、大带宽、泛在网、低功耗的特点，使其能为数字孪生技术的应用提供基础技术支撑，包括更好的交互体验、海量的设备通信接入以及高可靠、低时延的实时数据交互。

交互与协同，即虚拟实体实时动态映射物理实体的状态，在虚拟空间通过仿真验证控制效果，再将产生的信息反馈至物理资产和数字流程，形成数字孪生的落地闭环。数字孪生的交互包括物理—物理、虚拟—虚拟、物理—虚拟、人机交互等交互方式（图4-4）。

图4-4　数字孪生虚拟交互

1. 物理—物理交互：物理设备间相互通信、协调与协作，以完成单设备无法完成的任务。

2. 虚拟—虚拟交互：连接多个虚拟模型，形成信息共享网络。

3. 物理—虚拟交互：虚拟模型与物理对象同步变化，并使物理对象可以根据虚拟模型的直接命令进行动态调整。

4. 人机交互：用户和数字孪生系统之间的交互。使用者通过数字孪生系统迅速掌握物理系统的特性和实时性能，识别异常情况，获得分析决策的数据支持，并能便捷地向数字孪生系统下达指令。例如，通过数字孪生模型对设备控制器进行操作，或在管控供应链和订单行为的系统中进行更新。人机交互技术和"3R"（VR、AR、MR）技术是相互融合的。

（三）模型构建层与仿真分析层

建立数字孪生的过程包括建模与仿真。建模即建立物理实体虚拟映射的3D模型，这种模型真实地在虚拟空间再现物理实体的外观、几何结构、运动结构、几何关联等属性，并结合了实体对象的空间运动规律。仿真模型则是基于构建好的3D模型，结合结构、热、电磁、流体等物理规律和机理，计算、分析和预测物理对象的未来状态。例如在飞机研发阶段，可以把飞机的真实飞行参数、表面气流分布等数据通过传感器输入到模型中，通过流体力学等相关模型，对这些数据进行分析，预测潜在的故障和隐患。

数字孪生由一个或多个单元级数字孪生按层次逐级复合而成，例如产线尺度的数字孪生是由多个设备耦合而成的。因此，需要对实体对象进行多尺度的数字孪生建模，以适应实际生产流程中模型跨单元耦合的需要。

建立仿真模型的基础包括知识、机理和数据，基于不同基础的建模方式各有利弊。

1. 基于知识建模。要求建立专家知识库，并且有一定行业沉淀。优势在于模型较简单，对极端情况建模效果好，但模型精度、及时性、可迁移性较差，成本较高。

2. 基于机理建模。模型变量覆盖广，可脱离物理实体，具有可解释性，但参数多，计算复杂，无法对复杂流程工业中相互耦合的实体情况进行建模。

3. 基于数据建模。模型精度较高，可动态更新，但对数据数量、数据质量和数据精度要求更高，并且无法解释模型。

目前，数字孪生建模的仿真技术通常包括离散时间仿真、基于有限元的模拟等，通常基于通用编程语言、仿真语言或专用仿真软件编写。数字孪生建模语言主要有 Modelica、AutomationML、UML、SysML 及 XML 等。工业仿真软件，主要指计算机辅助工程（Computer Aided Engineering，CAE）软件，包括通常意义上的 CAD、CAE、CFD、EDA、TCAD 等。目前中国 CAE 软件市场基本被外资产品垄断，如 Ansys、海克斯康（2017 年收购 MSC）、Altair、西门子、达索、Cadence、Comsol、Autodesk、ESI、Synosys、Midas、Livemore 等。中国具有自主知识产权的 CAE 软件仅有很少量的市场份额，主要是一些高校、科研院所和中小企业在进行 CAE 软件的研发工作。包括 FEPG、JIFEX、HAJIF、紫瑞、LiToSim 在内的国内自主知识产权软件系统已上市，但由于缺乏竞争力，一些软件已退出国内 CAE 市场。以安世亚太为代表的国产模拟仿真软件开发公司，在多年使用和代理国外产品的经验基础上开发出了国产化的替代方案，但其产品目前还无法达到国外一线产品的水平。泰瑞在 2020 年推出工业仿真云产品，以云服务模式进入这一市场。

（四）功能层

功能层利用数据建模得到的模型和数据分析结果，实现预期的功能。这种功能是数字孪生系统核心功能价值的体现，能实时反映物理系统的详细情况，并达到辅助决策等目的，提升物理系统在寿命周期内的性能表现和用户体验。

目前，已经有一些软件服务商通过数字孪生提高他们应用的能力，为客户提供垂直细分市场的解决方案。例如 GE Digital、Oracle 等通过 APM、PLM 等应用开发数字孪生模型和组合。

三、典型应用场景介绍

数字孪生在智能制造领域的主要应用场景有产品研发、工艺规划、设备维护、故障预测等。

（一）产品研发

传统的研发设计模式下，纸张、CAD 是主要的产品设计工具，它建立的虚拟模型是静态的，物理对象的变化无法实时反映在模型上，也无法与原料、销售、市场、供应链等产品生命周期数据打通。对新产品进行技术验证时，要将产品生产出来，进行多次重复的物理实验，才能得到有限的数据。传统的研发设计具有研发周期长、成本造价高昂的特点。

利用数字孪生技术可以突破物理条件的限制，帮助用户了解产品的实际性能，以更少的成本和更快的速度迭代产品和技术。数字孪生技术不仅支持三维建模，可以实现无纸化的零部件设计和装配设计，还能取代传统通过物理实验取得实验数据的研发模式，用计算、仿真、分析等方式进行虚拟实验，从而指导、简化、减少甚至代替物理实验。

在模拟和测试新产品或系统的设计方面，数字孪生可以降低在现实世界中失败的成本以及潜在的风险。用户可以利用结构、热、电磁、流体和控制等仿真软件模拟产品的运行状况，对产品进行测试、验证和优化。以 SpaceX 公司的弹射分离实验为例，传统的方式是火箭发射以后引爆爆炸螺栓将火箭与卫星分离，但这样贵重的金属结构爆炸后不能回收使用，于是 SpaceX 想用机械结构的强力弹簧弹射分离，以回收火箭。这项实验使用了 NASA 的大量公开数据，在计算机上建模仿真分析了强力弹簧、弹射螺栓的弹射，没有做一次物理实验，最后弹射螺栓分离成功，火箭外壳的回收大幅度降低了发射的成本。

基于数字孪生的特性，通过仿真，能够减少实物试验次数，缩短产品设计周期，降低试验与测试成本，提高可行性和成功率，减少特定行业产品缺陷引发的危险和失误。在制造业，数字孪生能进行虚拟的定制，让制造商在投资之前发现问题、解决问题，从而减少安装之后的高成本调整（图 4-5）。

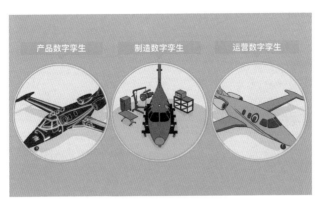

图 4-5 数字孪生技术在制造业各阶段的应用

类似的案例还有风洞试验、飞机故障隐患排查、发动机性能评估等。数字孪生不仅缩短了产品的设计周期，提高了产品研发的可行性和成功率，减少了危险，也大大降低了试制和测试成本。

（二）工艺规划和生产过程管理

随着产品制造过程越来越复杂，多品种、小批量生产的需求越来越大，企业对生产制造过程规划、排期的精准性和灵活性以及对产品质量追溯的要求也越来越高。大部分企业信息系统之间数据未打通，依赖人工进行排期和协调。数字孪生技术可以应用于生产制造过程从设备层、产线层到车间层、工厂层等不同的层级，贯穿于生产制造的设计、工艺管理和优化、资源配置、参数调整、质量管理和追溯、能效管理、生产排程等各个环节，对生产过程进行仿真、评估和优化，系统规划生产工艺、设备、资源，并实时监控生产工况，及时发现和应对生产过程中的各种异常和不稳定状况，日益智能化地实现降本、增效、保质的目标和满足环保的要求。

在离散行业中，数字孪生在工艺规划方面的应用着重于生产制造环节与设计环节的协同；在流程行业中，侧重通过数字孪生技术对流程进行机理或者数据驱动的建模。

1. 协同式制造

协同式制造强调企业各环节信息的互联互通和数据共享，它可以通过多系统信息流实现异地工厂信息全集成，时刻感知工厂运行状况，进行智能化的决策和调整，提升效率和质量，降低成本。通过运用数字孪生技术，离散制造企业实现了对生产运营状况的感知、优化和产能调配，提高了生产效率，优化配置了生产资源，降低了运营成本（图4-6）。

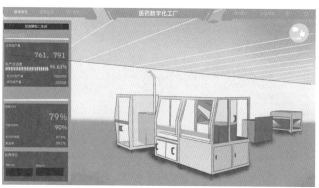

图4-6　数字孪生协同式制造

2. 流程式制造

流程式制造主要应用在复杂的制造行业。如在汽车制造四大工艺中，焊接和总装的生产现场非常复杂，工艺设计与生产执行缺乏合适的同步仿真与检测手段。打通汽车制造焊接和总装车间中物料、产品、设备、产线等每一个环节的信息瓶颈，将汽车车间中的数据在信息空间进行全要素重建，从生产管理、品质管理、计划管理、物料管理等维度对工厂—车间—线体—设备进行信息模型驱动，构建物理实体信息虚体生产线融合映射、交互、制造，实现远程现场巡检。同时，对焊接和总装生产线所有工位的工序和生产质量进行实时监控，针对不同的加工工艺、加工质量、数据检测等，建立不同的模型数据库，通过在虚拟车间仿真计算，对产品加工质量进行分析和预测。

数字孪生可以帮助生产商了解产品的工作方式和性能，从而优化和改进产品，进一步提高效率和质量。基于数字孪生全生命周期管理的数据和人工智能技术应用，数字孪生积累了丰富、高质的数据信息，能使企业基于数据驱动主动分析优化决策质量。具体来说，可以基于物理世界采集的数据，通过数据分析可视化呈现、数据仿真模拟智能决策等手段，实现有效的规划决策和既有资产的效能优化。

（三）设备维护和故障预测

在传统的设备运维模式下，当设备发生故障时，要经过"发现故障—致电售后服务人员—售后到场维修"一系列流程才能处理完毕。客户对设备知识的不熟悉、与设备制造商之间的沟通障碍，往往导致故障无法及时解决。解决这一问题的有效方法在于将依赖客户呼入的"被动式服务"转变为主机厂主动根据设备健康状况提供的"主动式服务"。

数字孪生提供物理实体的实时虚拟映射，设备传感器将温度、振动、碰撞、载荷等数据实时输入数字孪生模型，并将设备使用环境数据输入模型，使数字孪生的环境模型与实际设备工作环境的变化保持一致。通过数字孪生在设备出现状况前提早进行预测，可以在预定停机时间内更换磨损部件，避免意外停机。

运用数字孪生技术，探索基于工业设备现场复杂环境下的预测性维护与远程运维管理，通过收集智能设备产生的原始信息，经过后台的数据积累，以及专家库、知识库的叠加复用，进行数据挖掘和智能分析，可以主动给企业提供精准、高效的设备管理和远程运维服务，缩短维护响应时间，提升运维管理效率（图4-7）。

基于工业设备运行管理、维护作业管理和设备零配件全生命周期管理，通过对设备的集中监视，汇总生产过程中的设备实时状况，可以形成设备运行和管理情况统计、设备运行情况统计、设备运维知识库，为合理安排设备运行维护，提高设备的利用率，满足设备操作、车间管理和厂级管理的多层需求提供依据。

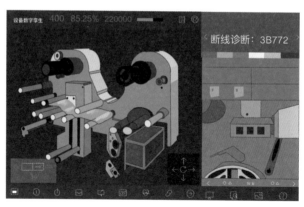

图 4-7　设备实时监控和故障诊断

通过数字孪生，可实现复杂设备的故障诊断，如风机齿轮箱、发电涡轮机、发动机以及一些大型结构设备维护保养与故障诊断。如达索、通用电气公司（GE），他们聚焦于数字孪生在故障预测和维护方面的应用。GE 是全球三大航空发动机生产商之一，为了提高核心竞争力和加强其市场主导地位，其在航空发动机全生命期过程引入了增材制造和数字孪生等先进技术。2016 年，GE 与 Ansys 合作，携手扩展并整合 Ansys 行业领先的工程仿真、嵌入式软件研发平台与 GE 的 Predix 平台。GE 的数字孪生将航空发动机实时传感器数据与性能模型结合，使其能够随运行环境变化和发动机物理性能的衰减，构建出自适应模型，精准监测航空发动机的部件和整机性能，并能够结合历史数据和性能模型，进行故障诊断和性能预测，实现数据驱动的性能寻优。

（四）成本控制和生产计划。

数字孪生可以用于优化生产过程和资源配置、降低成本，并帮助生产商预测和规划生产和供应链。基于数字孪生的实时数据采集和控制决策交互，能够提升环境和需求敏感度，支持实时、精细化响应变化。同时，基于数字孪生的跨系统、全流程的协作机制，有利于快速个性化柔性制造。

SpaceX 公司已经将火箭单次发射成本减少到约 9000 万美元，在数字世界构建火箭产品研发新管理体系对缩减成本发挥了关键功效。火箭绝大多数研发成本都集中在试运行过程中，"实验—不成功—改动—实验"的过程消耗了大约 75% 的火箭发动机研发成本。SpaceX

公司通过模拟仿真，一方面取代很多传统实物试验，提升研发效率，控制成本；另一方面，自主创新研发新方式，如通过仿真成功选用机械设备冷分离，取代传统爆发式热分离（图4-8）。为了更好地满足仿真需要，SpaceX公司甚至自己开发设计了流体动力学的仿真软件。

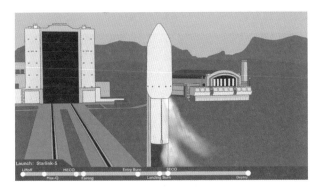

图4-8　SpaceX模拟仿真火箭发射

（五）设备工艺培训

提供可视化的工业设备3D智能培训和维修知识库，以3D动画的形式，对员工进行生产设备原理、生产工艺等培训，可以缩短人才培养时间（图4-9）。

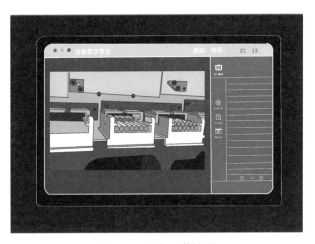

图4-9　设备工艺培训

（六）工厂实时状态监控

通过对设备制造生产实施实时数据采集、汇聚，建立实体车间/工厂、虚拟车间/工厂的全要素、全流程、全业务数据集成和融合，通过车间实体与虚体的双向真实映射与实时交互，在数据模型的驱动下实现设备监控、生产要素、生产活动计划、生产过程等虚体的同步运行，为设备状态监控、生产和管控最优的生产运行模式撮供辅助数字孪生服务，主要包括生产前虚拟数字孪生服务、生产中实时数字孪生服务、生产后回溯数字孪生服务，以确保做到事前准备到位、事中管控到位、事后优化到位（图4-10）。

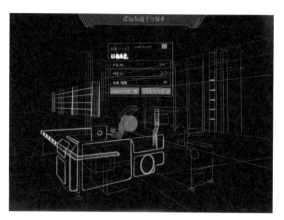

图 4-10　工厂实时状态数字孪生监控

数字孪生可以通过预测和模拟事故或故障的发生，帮助管理者确定和纠正潜在安全问题。安全的保障在于预防，把事故扼杀在发生之前是安全防范的重要举措。数字孪生的仿真推演和场景模拟，为企业、单位、社会等各方面的安全提供了保障（图4-11）。

图 4-11　火灾模拟

数字孪生具有双向关联性，人们可以用数字化的孪生体监测物理本体，解决具有危险性、重复性、远程性的难题。比如数字孪生基于不中断的网络和设备连接，持续收集现实世界的数据，支持 7×24 小时无中断的远程实时监控。进一步地，数字孪生支持从设备和过程中提取数据，能够识别缺陷、定位故障、实现信息可视化，防止因为设备或者过程异常造成损失（图 4-12）。

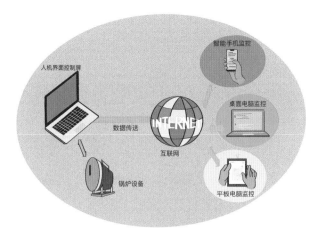

图 4-12　设备远程监控

数字孪生为制造商提供了更为深入、高效和细致的了解产品、生产过程和供应链的方式，从而帮助其提高可靠性、效率、质量和安全，并在商业决策的制定上提供更多的支持。

第二节　乡村振兴

一、数字孪生乡村振兴应用概述

乡村振兴是指以农业农村为重点，通过统筹城乡发展，加快乡村现代化进程，实现农村经济、社会和生态的可持续发展，包括农村经济的繁荣发展、农村社会的和谐稳定、农村生态的健康治理、农村文化的振兴发展等。通过实施数字乡村建设工程，加快农村光纤宽带、移动互联网、数字电视网和下一代互联网建设，构建线上线下相结合的乡村数字惠民便民服务体系。中国一系列的乡村振兴政策，奠定了数字孪生乡村建设的基础。

数字孪生技术赋能，能够加速乡村建设的进程，实现农村社会的数字化、智能化和现代化，为乡村振兴和新型城乡关系的发展提供有力支持。数字孪生技术赋能乡村振兴，通过三维场景的构建，实现农村资产的数字化；利用便捷操作的可视化平台，让管理更直观；通过物联技术构建的现代化农业管理，科学、智能、高效；通过网格化管理，可以让管理更精细。

二、乡村振兴数字孪生建设体系

乡村振兴数字孪生建设体系包括数据层、平台层、应用层,从底层的数据感知、获取,到系统运用,产业、农资、能源,治理、服务、指挥等形成乡村振兴各环节的应用闭环(图4-13)。

图4-13 乡村振兴数字孪生整体框架

1. 数据采集和处理

通过传感、卫星遥感、人工智能等技术采集乡村生产、生活、环境等方面的数据,对数据进行处理和分析,形成数字孪生乡村模型。以三维地理信息为基础,打造数字乡村承载底座,结合遥感影像、三维模型、监控视频、物联感知及农业、农村、农民等数据,构建实景数字乡村。

2. 数字孪生乡村平台建设

基于数字孪生乡村模型,建立数字孪生乡村平台,实现数据可视化和交互式操作,为乡村振兴提供决策支持和服务。在立体直观的乡村场景中,实时掌控乡村资源及动态,支撑乡村治理、乡村生态治理、乡村规划、乡村产业布局及乡村服务等应用。

3. 乡村智能化设施建设

利用数字孪生技术,建设智能化农业设施、智慧乡村、智慧农业等,提高农业生产效率、乡村管理水平和生活品质。

4. 乡村数字化服务建设

通过数字孪生乡村平台提供数字化服务,如电子商务、在线教育、远程医疗等,促进乡村经济发展和社会进步。

三、典型应用场景介绍

（一）乡村基础资源管理

1. 可视化呈现土地利用现状

利用遥感图像数据，开展地表全要素遥感监测，实现土地利用现状的统计量化和空间可视化。

2. 可视化呈现矿产资源情况

利用卫星遥感图像数据，定期监测露天矿产资源开发范围、开发速度以及对周围环境的影响等。

3. 可视化呈现地理分布智能识别

利用卫星遥感图像数据，通过遥感影像纹理、光谱和形状等特征，快速获取典型地物的空间分布和面积信息。

4. 可视化呈现用地变化监测

利用卫星遥感图像数据或者航拍影像，通过与周期性数据对比，获取乡村建筑、工地、耕地、水体等用地分布变化，实现乡村用地变化监测（图4-14）。

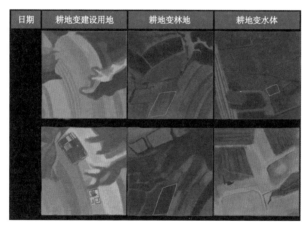

图4-14　用地变化监测

5. 可视化呈现安全监测

利用卫星遥感图像数据，基于InSAR技术大范围精准获取地表与基础设施形变信息，实现对建筑物、交通设施与能源设施等的精准形变监测、风险识别和灾害防控。

6. 可视化呈现经济与发展情况

利用卫星遥感图像数据，基于多光谱、夜光遥感等数据，进行夜光经济、乡村地表温度、工厂运行状态监测和热岛强度分析。

（二）农业现代化管理

农业现代化是乡村振兴的基础，它包括农业生产、农产品加工、农村社会化服务等方面。

1. 推动数字农业发展

数字孪生技术可以模拟农业生产的各个环节，根据实际情况做出合理的决策，实现农业生产的自动化、精准化和智能化，提高农产品的品质和产量。

2. 智慧农田、农业"四情"监测

土壤墒情、田间虫情、作物苗情、气候灾情监测系统可实现全天候不间断监测。现场远程监测设备自动采集土壤墒情实时数据，并利用无线网络实现数据远程传输；监控中心自动接收、存储各监测点的监测数据到数据库中。

3. 智慧大棚

建立数字孪生可视化平台，通过智能硬件、物联网、大数据等技术，采集环境和植物生长数据，为人工智能控制和创造生长环境提供条件，实现科学指导和智能化管理（图4-15）。

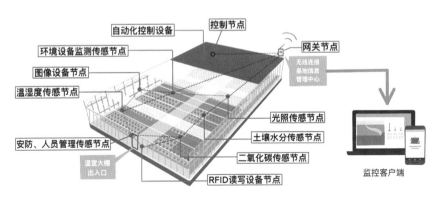

图4-15 智慧大棚数字孪生

数字孪生通过信息技术、农业技术、农业机械化、农产品质量安全等的信息化、智能化、智慧化，叠加农业勘测、无人机植保、产品溯源等，有效提高农业现代化水平，实现农业增效、提质、增收。数字孪生技术可以建立智能农业模型，通过实时监测、预测、分析数据，实现精准种植，提高农业生产效率和产出质量。模拟农业和农村产业发展的情景，帮助政府和企业优化农业生产，提高农产品质量和安全性，保障农民收入增长。

（三）产业经济管理

产业是乡村振兴的重要支撑，它包括农业、林业、牧业、渔业、副业等方面的建设。数字孪生技术可以将城市和乡村的资源情况数字化，并进行模拟计算，帮助优化城乡资源配置，促进城乡融合发展。通过数字孪生进行乡村产业数字化建模，可以实现产业布局优化和城乡协同发展（图 4-16）。

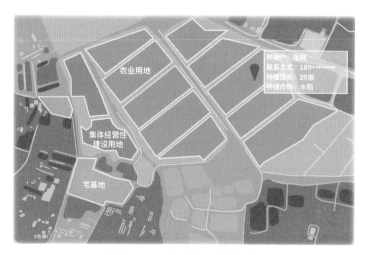

图 4-16　农田管理数字孪生

（四）网格化管理

网格化管理需要建立数字乡村孪生平台，利用数字技术将农村地区划分为网格，通过网络平台实现对农村地区的精细管理和服务，可提高农村地区的管理效率和服务质量。

通过接入乡村治理平台的人、事、地、物、情等数据，可以实现数据的分类和实时呈现；将村辖区划分为多个网格，从镇、村、组、户分层级在数字孪生平台形成下钻网格化管理；将各层级的现状、变化、发展等数据进行关联，形成从上到下的平台贯通机制，推动"上情下达"和"下情上知"。

每个网格应对应一个管理和服务责任单位，运用数字技术对农村地区的各类数据进行管理和分析，能提高数据的利用价值和决策效率。网格员是基础的数据录入端和落地端，运用物联网、人工智能等技术，实现对农村地区的设施、环境等进行智能化监测和管理。通过建设农村地区服务平台，提供便捷的服务和管理工具，方便农民进行信息查询、服务申请等操作。

（五）生态环境

生态文明是乡村振兴和乡村建设的重要目标，它包括生态环境保护和恢复、生态农业、生态旅游等方面。乡村振兴要通过发展绿色产业、推行有机种植、推进生态补偿等手段，保障生态环境质量，实现生态文明。

数字孪生技术可以模拟乡村的环境状况，及时发现环境污染和生态破坏等问题，帮助政府和企业采取相应的措施保护环境，实现智慧环保，营建绿色生态（图4-17）。

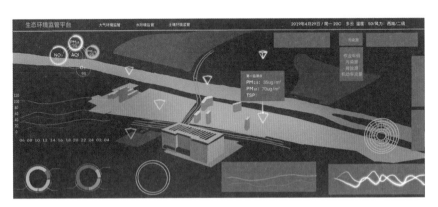

图 4-17　生态环境监测可视化管理

1. 大气环境监测

利用卫星遥感图像数据，实现对秸秆焚烧、颗粒物、污染气体、温室气体等的遥感监测，为地方空气质量监管提供保障。

2. 水质环境监测

利用卫星遥感图像数据，基于长时序的光谱数据，实现叶绿素 a 浓度、总磷、总氮、水体浑浊度、黑臭水体等水质监测，实时掌握污染原因与变化。

3. 生态红线保护监测

利用卫星遥感图像数据，通过对比多期遥感影像数据，监测生态保护红线范围内变化的人类活动。

（六）乡村治理

1. 针对重点区域外围场景进行实景三维建模，并融合监控视频资源，实现三维立体场景视频自动化展现。基于三维地理信息，实现一体化重点区域"一张图"直观通览。在数字乡村"实景一张图"的底座上，打造实时监控视频与乡村场景虚实融合创新应用，改变传统的多个画面分散浏览以及图标点选弹窗的方式，赋予使用者"上帝视角"，实现在乡村三维场景中沉浸式一体化直观感知乡村分散的动态监控视频画面，真正做到实时动态"实景一张图"，眼见为实。

2. 采用 GIS 技术，实现乡村垃圾处理设施、厕所、文体设施、公园广场、路灯路标、消防设施等农村人居环境基础设施及其治理工程工作进展、建设成果等信息的综合展示，支持各类设施的空间化展示与查询，通过平台可直观察看治理工程的推进情况、建设成果，为美丽乡村建设提供一个监督监管和成果展示的平台。

3. 数字孪生可实现对每个辖区的流动人口、户籍人口、未落户人口和境外人口的管理，包括增加、查询、删除和导出等各项基本功能应用。

4. 通过不同时间的航拍，建立数字孪生时空对比，实时动态监测违章建筑及土地使用情况，对于违法占用农业用地的行为能够及时发现、及时制止。

5. 借助视频、报警信息等数据资源汇聚和部门联动，指挥中心可实时了解实情，掌握第一手资料，并借助数字孪生的预测分析，迅速对紧急事件做出应急指挥，紧急调动资源，解决问题。

（七）乡风文明

乡风文明是乡村振兴的软实力，它包括乡风、民风、家风、道德风尚等方面。乡村振兴要通过弘扬传统文化、加强教育培训、提高村民的道德素养等手段，提高乡风文明水平，推动乡风文明建设。

智慧乡村通过数字孪生技术，可以提供更优质的公共服务，比如数字教育、数字医疗、数字文化等，让乡村居民享受更加便捷、高效、智能的服务，享受智慧公共服务与优质生活。

数字孪生技术可以将乡村生活的方方面面进行数字化，提高乡村生活的智能化程度，帮助政府和企业提供更好的乡村公共服务，改善农民的生活条件。通过加强数字化人才培养，培养乡村数字化人才，提高乡村信息化、数字化水平，促进乡村振兴。

数字孪生技术在乡村振兴中具有重要的作用和意义，它可以帮助政府和企业更好地管理和发展农村经济，维护生态环境，推进数字农业和智慧农村建设，是实现城乡融合发展和乡村振兴战略的有效措施。

第三节　工程建筑

一、数字孪生工程建筑应用概述

数字孪生建筑是指通过建筑信息模型（BIM）、物联网、人工智能等技术，将实际建筑物的数据和虚拟建筑物的模型进行实时同步和交互，以实现对建筑物全生命周期的数字化管理和运营。简单说就是利用物理建筑模型，使用各种传感器全方位获取数据并进行仿真，在虚拟空间中完成映射，以反映、管理相对应的实体建筑的全生命周期过程（图 4-18）。

数字孪生建筑的核心环节在于 BIM 的应用。BIM 是一种应用于工程设计、建造、管理的数据化工具和信息建模技术，可以实现建筑设计的三维可视化。BIM 技术可以叠加时间轴形成 "4D" 模型，进一步叠加成本信息可构筑 "5D" 模型，从而对建筑进行多维度考量，贯穿建筑全生命周期中规划、概念设计、细节设计、分析、出图、预制、施工、运营维护、拆除或翻新等所有环节（图 4-19）。

图 4-18　数字孪生建筑智慧管理

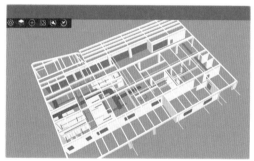

图 4-19　建筑信息模型

目前，国内厂商在建筑结构设计软件市场占据一定优势，但建筑信息化模型软件市场仍由国外厂商主导。

1.建筑行业信息化发展迅速，作为建筑信息化的核心软件产品，建筑结构设计软件也吸引了越来越多企业关注。由于建筑结构设计软件专业技术门槛较高，目前国内外专业结构设计软件公司的集中度较高，主流软件包括北京盈建科软件的 YJK 建筑结构软件系统、建研科技的 PKPM 系列软件、北京探索者软件的探索者结构系列软件、迈达斯（MIDAS Information Technology）的 Midas 系列软件、上海佳构软件科技的 STRAT 软件、深圳斯维尔科技的 SUP 系列软件等。因国外产品价格较高，其对中国本土建筑规范的理解也有所不足，国外软件只在少量超高层复杂结构设计中有所应用，市场份额较小；而国内的软件，如 PKPM 系列软件等因研发应用较早，经过了多年发展在国内市场中具有较高的占有率。

2. 在国内 BIM 软件市场上，以 Autodesk、Dassault Systèmes、Graphisoft、Tekla 为代表的国外软件厂商依然占据绝对优势，国内企业的 BIM 应用软件大都采用国外的 Revit、Tekla 等平台产品。中国本土 BIM 软件厂商数量较多，开发的软件产品大多属于应用型软件，运行于基础平台软件环境中。这类应用型软件以项目业务为导向，注重将软件产品与本地化业务结合，以提升项目推进效率。本土软件厂商在提供应用软件产品的同时，也提供相关配套服务和业务解决方案。近几年，国内 BIM 软件厂商由建造、施工 BIM 软件向协同协作端软件发力，不断将触角伸向产业链上下游，通过本地化产品和配套的技术服务支撑，取得了相当好的成绩。BIM 软件研发需要大量的资金投入，目前国内实力较强的 BIM 研发企业主要有鲁班、广联达、鸿业、品茗等软件厂商。

二、工程建筑数字孪生建设体系

数字孪生工程建筑的框架体系包括四个主要组成部分：数字孪生模型、物联网感知、数据分析和决策支持。

1. 数字孪生模型

数字孪生模型是数字孪生工程建筑的核心，它是建筑物的虚拟模型，通过 BIM 技术构建，可以包含建筑物的几何模型、材料信息、设备信息、工艺信息等。数字孪生模型可以与实际建筑物进行实时同步，为建筑物全生命周期提供数字化支持。

2. 物联网感知

数字孪生工程建筑需要通过物联网技术实现对建筑物数据的感知和采集。通过传感器、智能设备等，数字孪生工程建筑可以实时采集建筑物的数据，包括温度、湿度、照明、能耗、安全等方面的数据。

3. 数据分析

数字孪生工程建筑需要通过数据分析技术对采集到的建筑物数据进行处理和分析。通过人工智能、大数据等技术，可以实现对建筑物数据的挖掘和分析，为建筑物的管理和运营提供支持。

4. 决策支持

数字孪生工程建筑需要通过决策支持技术，将分析结果以直观的方式呈现给用户。通过可视化技术，可以将建筑物的数据以图表等形式展示出来，为用户提供决策支持。

数字孪生建筑具有四大特点：精准映射、虚实交互、软件定义、智能干预。

1. 精准映射

数字孪生工程建筑通过各层面的传感器布设，实现对建筑的全面数字化建模，以及对建筑运行状态的充分感知、动态监测，形成虚拟建筑在信息维度上对实体建筑的精准信息表达和映射。

2. 虚实交互

在未来数字孪生工程建筑中，在建筑实体空间可观察各类痕迹，在建筑虚拟空间可搜索各类信息，建筑规划、建设以及民众的各类活动，不仅在实体空间，而且在虚拟空间也将得到极大扩充，虚实融合、虚实协同将定义建筑未来发展新模式。

3. 软件定义

数字孪生工程建筑针对物理建筑建立相对应的虚拟模型，并以软件的方式模拟人、事、物在真实环境下的行为，通过云端和边缘计算，软性指引和操控建筑的电热能源调度等。

4. 智能干预

通过在数字孪生工程建筑上规划设计、仿真等，对建筑可能产生的不良影响、矛盾冲突、潜在危险进行智能预警，并提供合理可行的对策建议，以未来视角智能干预建筑原有发展轨迹和运行，进而指引和优化实体建筑的规划、管理，改善服务。

三、典型应用场景介绍

数字孪生在建筑行业有着广泛的应用，如规划设计、建设实施、运营维护等方方面面（图 4-20）。

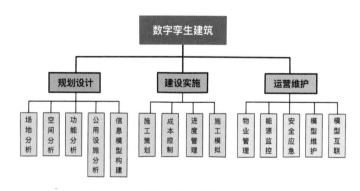

图 4-20　数字孪生建筑典型应用场景

（一）建筑规划设计

1. 场地分析

传统的场地分析存在诸如定量分析不足、主观因素过重、无法处理大量数据信息等弊端。BIM 结合地理信息系统，对场地及拟建的建筑物空间数据进行建模，通过 BIM 及 GIS 软件的强大功能，可以迅速得出令人信服的分析结果，帮助项目在规划阶段评估场地的使用条件和特点，从而做出新建项目最理想的场地规划、交通流线组织关系、建筑布局等关键决策。

2. 功能分析

项目投资方可以使用 BIM 来评估设计方案的布局、视野、照明、安全、人体工程学、声学、纹理、色彩及规范的遵守情况。BIM 甚至可以做到对建筑局部细节进行推敲，迅速分析设计和施工中可能需要应对的问题。方案论证阶段 BIM 还可以提供多套方便、低成本的解决方案，供项目投资方进行选择；通过数据对比和模拟分析，可以找出不同解决方案的优缺点，帮助项目投资方迅速评估建筑投资方案的成本和时间。

对设计师来说，通过 BIM 来评估所设计的空间，可以获得较高的"互动效应"，以便从使用者和业主处获得积极的反馈。设计的实时修改往往基于最终用户的反馈，在 BIM 平台下，项目各方关注的焦点问题比较容易得到直观展现并迅速达成共识，相应的用于决策的时间也会减少。

3. 空间分析

整图在详图设计阶段发现不合格需要修改，会造成设计的巨大浪费。BIM 能够帮助项目团队在功能规划阶段，通过对空间进行分析来理解复杂空间，从而节省时间，为团队提供更多增值的可能。特别是在客户讨论需求、选择以及分析最佳方案时，借助 BIM 及相关分析数据，有助于做出关键性的决定。BIM 在建筑策划阶段的应用成果还可以帮助建筑师在建筑设计阶段随时查看初步设计是否符合业主的要求。

4. 公用设施分析

在管网规划中，通常相关部门各行其职，道路经常被开挖，管线经常被挖断，造成很大经济损失。利用数字孪生技术对各类管线进行统一信息化处理，以市政规划数据库为设计基础进行相关管道的设计布线，就可避免错误发生，优化管网布置，提高设计及经济效率。

5. 信息模型构建

二维平面设计对建筑空间尤其是复杂建筑空间的表达效率较低。BIM 是以三维数字技术为基础，集成了建筑工程项目各种相关信息的工程数据模型，是对工程项目设施实体与功能特性的数字化表达。一个完善的信息模型，能够连接建筑项目生命周期不同阶段的数据、过程和资源，是对工程对象的完整描述，可被建设项目各参与方普遍使用，能够支持建设项目生命周期中动态的工程信息创建、管理和共享。BIM 同时又是一种应用于设计、建造、管理的数字化方法，这种方法支持建筑工程的集成管理环境，可以使建筑工程在整个进程中显著提高效率并大幅降低风险。

（二）建筑建设实施

1. 施工策划

施工组织是对施工活动实行科学管理的重要手段，它决定了各阶段的施工准备工作内容。传统施工组织设计很难协调施工过程中各施工单位、施工工种、资源之间的相互关系。BIM 施工组织可视化在编制施工方案、施工组织设计的同时，将 BIM 技术融入整个环节中，以可视化的方式进行方案编制辅助、方案模拟验证、方案优化、方案敲定等。从方案模型创建到方案优化再到方案敲定输出，全部基于 BIM技术可视化呈现，更加有利于保证施工组织设计可行性（图 4-21）。

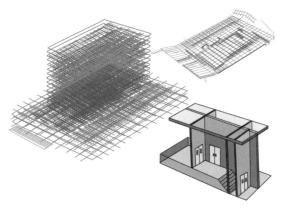

图 4-21　BIM 可视化

2. 成本控制

施工单位精细化管理很难实现的根本原因在于，海量的工程数据无法快速、准确获取，致使经验主义盛行。而数字孪生工程建筑可以让建筑模型快速准确地获得工程基础数据，为施工单位制定精准的资源计划提供有效支持，大大减少了资源、物流和仓储环节的浪费，为实现限额领料、消耗控制提供技术支撑。

3.进度管理

建筑施工是一个高度动态的过程，随着建筑工程规模的不断扩大、复杂程度不断提高，施工项目管理变得极为复杂。通过将 BIM 与施工进度相连接，将空间信息与时间信息整合在一个可视的"4D"模型中，可以直观、精确地看清整个建筑的施工过程。

在项目建造过程中合理制定施工计划，精确掌握施工进度，优化使用施工资源，科学地进行场地布置，对整个工程的施工进度、资源和质量进行统一管理和控制，可以缩短工期、降低成本、提高质量。

4.施工模拟

BIM 可以对项目的重点或难点部分进行可建性模拟，还可以对于一些重要的施工环节或采用新施工工艺的关键部位进行模拟和分析，如可进行深基坑支护分析、各专业综合管线干涉分析等。也可以利用 BIM 技术结合施工组织计划进行预演，以提高复杂建筑体系的可造性。

借助 BIM 对施工组织的模拟，项目管理方能够非常直观地了解整个施工环节的时间节点和安装工序，并清晰把握安装过程中的难点和要点；施工方也可以进一步对原有安装方案进行优化和完善，以提高施工效率和施工方案的安全性。

（三）建筑运营维护

1.物业管理

物业管理部门需要得到的不只是常规的设计图纸，还需要能正确反映真实设备状态、材料安装使用情况等与运营维护相关的文档和资料。数字孪生工程建筑的建立满足了这一需求，管理人员可以实时系统监控整个体系，结合运营维护管理系统，充分发挥空间定位和数据记录的优势，合理制订维护计划，分配专人、专项维护工作，降低建筑物在使用过程中出现突发状况的概率。对设备的维护工作还可以进行历史记录追踪，以便对设备的使用状况提前做出判断。

2.能源监控

传统建筑设计对能源管理的关注程度不高，仅局限于对数据的测量。在数字孪生的帮助下，能源监控可以对建筑物能耗分析、内外部气流模拟、照明分析、人流分析等涉及建筑物性能的分析进行评估，最终确定、修改系统参数甚至系统改造计划，以提高整个建筑的性能。

3. 安全应急

传统建筑在事故发生的情况下，仅有疏散指示等固定标志辅助应急。BIM 模型可以为救援人员提供紧急状况点的完整信息，通过与楼宇自动化系统获取的建筑物及设备实时状态信息相结合，BIM 模型能清晰地呈现出建筑物内部紧急状况的位置，甚至找到到达紧急状况点最合适的路线，提高应急行动的效率。

4. 模型维护

在项目竣工以后，业主得到的通常是一套设计蓝图和相关设备的技术文件，无法将各项目团队的所有建筑工程信息进行汇总。借助数字孪生技术，业主可以根据项目建设进度建立和维护 BIM 模型，消除项目中的"信息孤岛"，将得到的信息结合三维模型进行整理和储存，以备项目全过程中各利益相关方随时共享。目前，可以利用 BIM 模型将整个工程项目的规划、维护和管理统一，以确保 BIM 模型信息的准确性、时效性和安全性。

5. 模型互联

传统的建筑设计是二维平面设计，无法对建筑全生命周期各个阶段的数据资源进行整合。智慧城市在建设过程中最重要的一环就是信息化建设，数字孪生技术可以自始至终贯穿建设的全过程，支撑建设过程的各个阶段，实现全程信息化、智能化协同模式。

BIM 技术与物联网技术的结合，可以将数据信息与物理线路、虚拟接口与实际接口连接起来，实现有效的现场实际操作和个人行为管理。BIM 是未来工程建设管理方法的技术基础，物联网是关键支撑点，两者的融合将实现城市智慧化管理和运行，为人们创造更美好的生活，促进城市的和谐、可持续发展。

第四节 智慧水利

一、数字孪生智慧水利应用概述

水利作为国民经济稳定和谐的重要支撑，有防洪减灾、农业灌溉、城市供水调水、渔业外贸、旅游航运、生态环境等综合应用。同时，水电能源也是至关重要的可持续能源之一。

面向分布于大范围地理空间内的泵站、灌区、航道、船闸等水利工程项目，以及众多的设备设施管理任务，结合物联网、大数据、

5G、GIS、BIM 等技术，实现水利工程（包括水库、灌区、航道等）的数字孪生三维可视化管理，可以为行业运维管理带来极大的便利。数字孪生技术可以帮助人们优化管理流程、提升管理质量，还可以形象生动地展示数据，全面提升产业的感知、共享整合、智慧管理能力（图4-22）。

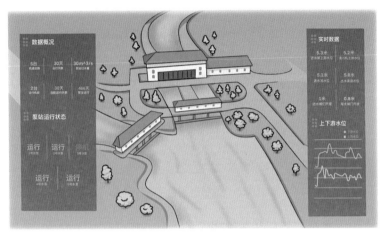

图 4-22　智慧水利数字孪生可视化

二、智慧水利数字孪生建设体系

智慧水利面向各层级水利业务智能化和水利监督领域，基于天空地多元立体的智能感知，聚焦水资源、水生态、水环境、水灾害，为水利相关部门构建以"1 个物联网感知体系 +1 个数字化底座 +N 项业务应用"为核心，以智能化应用为重点，以网络安全体系和综合保障体系为引擎的总体框架，全面融合信息资源，掌握江河湖泊库综合信息，动态监测评估河湖生态状况，实现水旱灾害防御、水资源管理与调配以及水库、河湖长制、水利工程运行等业务的智慧化，集感知、认知、预知于一体的应用体系，推动政府监管精细化、江河调度协同化、工程运行自动化、应急处置实时化，助力提升我国水利综合业务精细化管理和科学决策水平（图 4-23）。

（一）数字孪生流域平台

数字孪生流域平台建设以水利感知网、水利业务网、水利云等为基础，运用物联网、大数据、AI、虚拟仿真等技术，以物理水利为单元、时空数据为底板、水利模型为核心、水利知识为驱动，对流域全要素和流域治理管理全过程进行数字化映射、智慧化模拟，实现与物理流域的同步仿真运行、虚实交互、迭代优化，支撑水利业务精准化决策。

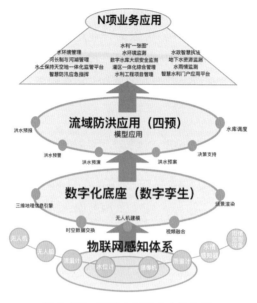

图 4-23　智慧水利数字孪生体系

（二）多源物联，智慧感知

水利智能监测一体站，集成智能可视化巡检装置、高精度水雨情监测装置，采用无源无线部署方式，实现河道、水库、灌区等水利场景的实时视频监控，以及水雨情数据的及时、高效、准确获取。通过北斗通信方式，提升设备数据传输能力，在洪水等自然灾害或其他突发状况来临时，将传感器数据实时高效回传至后台。此外，设备支持接入监拍装置、声光告警装置、微气象监测单元等其他设备，满足不同水利场景的业务需求（图 4-24）。

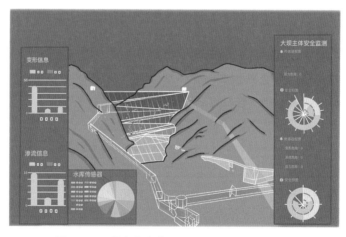

图 4-24　数字孪生多源物联感知、可视化监测

（三）自主巡检，智慧巡航

通过无人机搭载高清视频采集、AI 智能分析、智能测流等载荷模块，实现河流、湖泊、水库等场景的定期巡视、隐患实时分析、水位流量测量、灾后现场勘查、精细三维地理信息建模等，真正实现无人化飞行、无人化管理、无人化分析，为无人机"泛水利"应用提供强力支持。

（四）数字孪生，动态仿真

通过数据引擎将地理空间、物联监测、业务管理等数据进行汇集，打造智慧水利数据底板；利用人工智能模型和水利专业模型对数据进行深度挖掘分析，借助三维建模技术及可视化引擎，实现物理流域和数字流域虚实映射，构建实景三维流域。通过对流域全景、全要素态势的精细化复现，结合数字孪生场景与动态仿真推演能力，赋能流域防洪监测、水库监测、水利调度、智慧水务、河湖巡检等多个业务领域（图4-25）。

图4-25　数字孪生仿真大坝三维主体、泄洪推演

三、典型应用场景介绍

（一）水文预测

水文预测是水利行业的一项基础性工作，预测结果是否准确直接关系到水利工程的运行效果。数字孪生技术可以通过对水文数据进行数字化处理，结合地理信息系统等技术，建立地表水、地下水、土壤水等水文循环系统的数字孪生模型。模型涉及水量、水位、流量、水质、泥沙、降雨量等信息，能够实现全要素的实时在线监测，提升信息捕

捉和感知能力。通过高分辨率航天、航空遥感技术和地面水文监测技术的有机结合，进一步建立流域洪水天空地一体化监测系统，提高流域洪水监测体系的覆盖度、密度和精度。利用数字孪生模型，可以实现对水文系统的动态监测、预测和评估。同时，数字孪生模型可以模拟不同气候条件下的水文循环过程，为水资源管理提供科学依据（图4-26）。

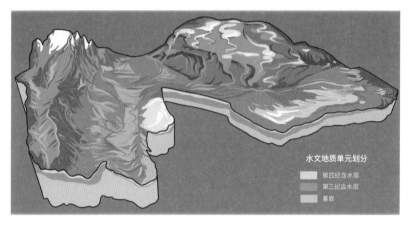

图 4-26 水文地质数字孪生模型

（二）水资源管理

数字孪生技术可以建立水资源管理的数字孪生模型，模拟水资源供需、水质变化、水生态系统变化等，并提供优化方案，以便实现科学合理的水资源管理。通过数字孪生技术的应用，可以实现对水资源的可持续利用和管理，为水利工程建设与管理提供科学依据（图4-27）。

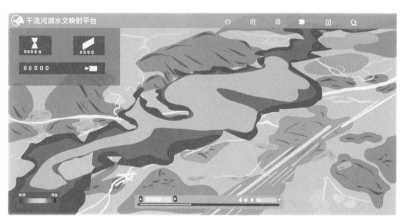

图 4-27 水资源数字孪生"一张图"

（三）水利工程设计

数字孪生技术可以对水利工程进行数字建模，包括水库、水电站、水渠等。在水利工程的设计过程中，数字孪生技术可以模拟工程建设过程中的各种因素，包括水文环境、地理环境、气候条件等，进而提供科学合理的工程设计方案。数字孪生技术的应用可以大大提高水利工程的设计效率和质量，减少设计过程中遇到的风险和不确定（图4-28）。

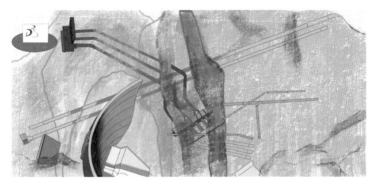

图4-28　数字孪生在水利工程设计中的应用

（四）水利工程运行管理

数字孪生技术可以对水利工程进行在线监测和预测，包括水库（含水电站）、泵站、水闸、堤防、灌区、蓄滞洪区等各类水利工程。针对流域内的水利工程，利用监测、BIM等技术，可以实现水利工程建设全过程数据采集和管理；完善流域内水利工程建筑物、机电设备运行工况在线监测，能够实时了解水利工程的运行状态和各项指标。数字孪生技术的应用可以大大提高水利工程的运行效率和安全性，有利于水利工程长期稳定运行（图4-29）。

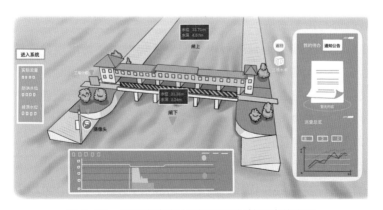

图4-29　数字孪生在水利工程运行管理中的应用

第五节 电力系统

一、数字孪生电力系统应用概述

数字孪生智慧电力可视化平台以多源、多尺度时空环境数据为支撑，建立配网三维场景，通过三维场景浏览、设备设施空间关联与定位、电网基础数据查询维护、实时运行数据分析等管理功能，辅助管理者实时、直观地了解多维度信息，及时分析预判，迅速有效决策。

数字孪生融合底座，可汇聚融合电力部门现有信息系统，覆盖基建、运检、调度、生产、营销、安监等多个业务领域，凭借先进的人机交互方式，实现数据融合、数据显示、数据分析、数据监测指挥等多种功能，可广泛应用于监测指挥、分析研判、展示汇报等场景。

二、电力系统数字孪生建设体系

1. 数据采集与处理

该环节主要负责采集电力系统中的各种数据，如电力设备运行状态、电力质量参数、气象数据等，并进行数据存储、清洗和处理，以便后续的模型建立和分析。

2. 建模与仿真

该环节基于采集的数据，建立电力系统的数字孪生模型，并进行仿真和验证。数字孪生模型通常包括电力设备模型、电力质量模型、气象模型等，可以对电力系统的运行状态、质量状况、故障模拟等进行预测和分析。

3. 可视化与交互

该环节将数字孪生模型的结果进行可视化展示，并提供交互式操作界面，以便用户进行数据查询、分析、决策等。

4. 告警与决策支持

在数字孪生模型运行过程中，如果发现电力系统出现异常情况，系统会自动发出告警信息，并提供相应的处理建议。同时，数字孪生模型还可以为决策者提供决策支持，如制定最佳的电力负荷调度方案、维护计划、投资决策等。

5. 持续改进与优化

数字孪生模型可以通过不断进行的数据采集和模型优化，实现对电力系统的持续改进和优化。通过分析模型的运行结果，可以发现电力系统中存在的问题和瓶颈，并提出相应的解决方案，从而不断提高电力系统的效率和可靠性。

三、典型应用场景介绍

（一）电网整体智能监控

1.电网运行监测

电网运行监测支持从地理空间分布维度和逻辑层级结构维度，对大规模电网的分布、节点位置、供电范围、拓扑关系等信息进行综合展示，并可集成电网自动化管理、运行监测、信息采集等调度数据，对站室、管廊、输配电线路等电网关键要素的运行态势进行实时监测，辅助管理者综合掌握跨地域、大范围电网运行态势，有效提升电网监控力度。

2.重点用户保障

重点用户保障支持对重点保障对象周边环境、建筑外观和内部详细结构进行三维显示，并可对保障对象的数量、位置、保电范围、保电等级等信息进行分时、分区标注显示。支持集成视频监控、设备巡检、环境监测等系统数据，对保电区域实时运行态势进行综合监测，辅助管理者精确掌控电力运行状态，提升保电效能。

3.智能巡检监测

智能巡检监测支持集成视频监控、机器人、无人机等前端巡检系统，有效结合视频智能分析、智能定位、智能研判技术，对故障点位、安全隐患点位等情况进行可视化监测，实现异常事件的实时告警、快速显示，并可智能化调取异常点位周边监控视频，有效提高电网巡检工作效率。

（二）设施智能监控

1.配电场所数字孪生

城市电力的核心节点——配电房，负责实现整个城市基础供电。通过三维建模的方式，可对各类设备设施的外观、复杂机械结构，以及配电房环境进行数字孪生，然后进行三维仿真显示，并可集成视频监控、设备运行监测、环境监测以及其他传感器实时上传的监测数据，对设备位置分布、类型、运行环境、运行状态进行监控。支持设备运行异常（故障、短路冲击、过载、过温等）实时告警、设备详细信息查询，辅助管理者直观掌握设备运行状态，及时发现设备安全隐患。

2.5G+AR 增强工作方式

数字孪生系统提供 AR 设备的支持，带上 AR 设备，一个新入职员工也能发挥出核心工作人员的水平。通过调控中心植入的标准化工作流程——标准巡视作业卡、故障处理流程、应急处置办法等，就可以利用 AR 设备标注现实中对应设备的型号、参数、状态等，还可以获得每一步操作的详细提示（图 4-30）。

通过数字孪生系统，调度员可以看到操作员的具体操作，能实时对话，从而实现远程协助，减少了来回奔波的时间成本。还能通过"云巡视"实时监控，自动识别一些外来"入侵者"。例如，蛇虫鼠蚁一旦闯入环网室，系统会自动识别并报警，制止外力破坏（图 4-31）。

图 4-30　AR 检测　　　　图 4-31　配电房远程监控

3. 线路运维监测

从小区配电房到电力公司，线路运维可实现对电力公司整体电力线路的地理分布、起止点、电能流向等信息的可视化展示，可以利用其查询具体线路的基本情况，如所属厂站、线路名称、电压等级、投运时间等；通过集成各传感器实时监测数据，线路运维可对线路电能流转情况、电流值、负载率、线损率等运行信息进行动态监测，还可对线路重载、过载等异常情况进行实时告警，有效提高输配电线路的运维效率及供电可靠性。

（三）电力数据分析研判

1. 数据多维度分析研判

数据多维度分析研判系统对电力部门既可利用海量数据进行栅格、聚簇、热图等多种可视化分析，提供多大类近百种数据分析图表，进行上卷、下钻、切片等数据分析操作；其与电力管理细分领域的专业分析算法和数据模型相结合，还可以深度挖掘数据规律和价值，提高管理者决策的能力和效率。

2. 用户用电可视分析

用户用电可视分析系统基于栅格化对电力用户的地域分布特征进行可视分析；结合专业分析模型，综合城市用电量、行业用电量、用电负荷等数据进行多维度分析研判，并对用电数据进行历史追溯和态势预测；从用户属性、履约能力、交易能力、用电行为等维度构建用户画像，全面反映用户用电特征，为管理部门优化电力资源配置、提升电能使用率及电力营销能力提供有力支持。

3. 电力数据应用分析

基于地理信息系统，电力数据应用分析系统结合居民住宅用电情况、区域人口密度、商业类别、车辆运行特性等数据进行综合关联分析，直观反映该区域用电总量变化趋势、经济状况、充电设施需求等信息，从而为配电网规划、商业选址、充电桩选址等提供科学依据。

（四）监控中心大屏展现

监控中心大屏展现系统为电力指挥中心量身打造大屏可视化解决方案，其根据用户的业务决策需求、应用情景和大屏情况灵活定制可视化决策主题，为用户的业务决策提供有力支撑；支持大屏、多屏交互联动控制，通过中控操作台对多屏显示内容集中控制，有效提升大屏系统的易用性，充分发挥指挥中心大屏、多屏环境优势。

（五）工作监测指挥

1. 应急资源监测

应急资源监测系统整合电力应急抢修所需各类资源，实时监测抢修队伍车辆、物资、设备等应急保障资源的部署情况，为突发情况下指挥人员进行大规模应急资源管理和调配提供支持。

2. 突发事件监测

突发事件监测系统集成各类前端感知设备，采集实时数据，对自然灾害、外力破坏、停电、设备故障等各类突发事件的发生地点、实时态势、处置情况等进行可视化监测，智能筛选查看事件发生地周边监控视频、应急资源，方便指挥人员进行判定和分析，为突发事件处置提供决策支持。

3. 预案部署可视化

针对重大活动，迎峰度冬、度夏，自然灾害等情况，预案部署可视化系统建立电力保障预案、突发事件应急预案，将预案的相关要素及指挥过程进行可视化部署，对保障资源部署、应急抢修资源部署、行动路线、处置流程等进行动态展现和推演，增强指挥人员的应急处置能力和响应效率。

4. 可视化通信指挥

可视化通信指挥系统集成视频会议、远程监控、图像传输等应用功能，具备即时、交互的调度模式，强化指挥中心扁平化指挥调度能力，提升指挥中心的突发事件处置力度（图4-32）。

图4-32 可视化通信指挥

（六）展示汇报整合

针对各种情景，展示汇报整合系统基于动态真实数据，可自定义演示脚本，灵活构建可视化汇报主题，提供多种可视化手段，对电网侧数据、用户侧数据、泛在电力物联网建设应用成果、保电任务、应急处置流程等进行动态展示；对汇报内容的步骤、流程、时长进行精确控制，助力用户完成高质量的汇报展示。

（七）视频监控数据深度集成

视频监控数据深度集成系统深度集成视频监控、机器人巡检、无人机监控等系统平台，综合集成各类视频资源，形成统一的视频访问平台，在二维、三维地图上定位摄像头等对象，并关联其视频信号源，通过在地图上点击、圈选等多种交互方式，调取相应监控视频；支持人工智能模型算法接入，为电网运维管控提供智能化决策支持。

（八）多源数据融合

多源数据融合系统兼容现行的各类数据源数据、地理信息数据、业务系统数据、视频监控数据等，支持各类人工智能模型算法接入，实现跨业务系统信息的融合显示，为用户决策、研判提供全面、客观的数据支持。

第六节　医疗健康

一、数字孪生智慧健康应用概述

智慧健康通过移动监测、移动诊室、无线远程会诊和医疗信息云存储等智能技术手段，提高诊疗效率，提升城市诊疗覆盖面，促进城市医疗资源合理分配。将数字孪生应用在智慧健康系统中，可以基于患者的健康档案、就医史、用药史、智能可穿戴设备检测数据等，在云端为患者建立"医疗数字孪生体"，并在生物芯片、增强分析、边缘计算、人工智能等技术的支撑下模拟人体运作，实现对个体健康状况的实时监控、预测分析和精准医疗诊断。

基于医疗数字孪生体应用，可远程和实时地监测心血管病人的健康状态；当智能穿戴设备传感器节点测量到异常信息时，救援机构可立即开展急救。同样，医疗数字孪生体还可通过在患者体内植入生物医学传感器全天监控其血糖水平，以提供有关食物和运动方面的建议等。

二、医疗健康数字孪生建设体系

将数字孪生技术应用于智慧健康中，其应用框架主要包含基础支撑层、数据互动层、模型构建层和功能层（图4-33）。

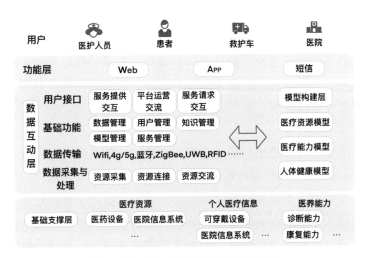

图 4-33　数字孪生智慧健康应用框架

（一）基础支撑层

基础支撑层主要是与患者相关的软硬件资源和医院信息系统。例如，医疗设备包括CT机、磁共振成像和理疗设备等，以及与硬件配套的专业软件（如健康信息系统）；医疗信息包括一些可穿戴设备（血压计、心率监测仪）以及其他一些智能系统采集到的信息；可穿戴设备在医学领域的相关产品包括血糖监测仪、心电监测仪、胎心监护仪、心电仪、血压计等。

一些电子科技厂商已生产出用于健康监测的智能可穿戴设备，如谷歌、三星、华为、小米等都已推出消费级可穿戴医疗设备。

（二）数据互动层

数据互动层对医疗资源的数据进行收集、分类、整合，为平台提供支持。在数据采集方面，通过 RFID 标签、二维码、传感器等技术识别物体及其位置，将医疗资源、信息等数据通过 4G/5G 网络上传到云平台。采集的数据主要包括诊断数据、监测数据和历史病例数据等。在对进入数据池的多源异构数据进行整合后，对数据进行虚拟化、服务化处理，从而实现数据的输入输出。

（三）模型构建层

模型构建层基于数据互动层处理的数据，建立物理对象的虚拟模型，比如患者和医疗资源的医疗资源模型、医疗能力模型和人体健康模型。这些孪生模型和物理实体可以实时数据交互，从而实现物理设备、虚拟模型、云健康系统的全要素、全服务、全流程的数据集成和聚合。模型构建层的基础功能包括服务管理、数据管理、知识管理和用户管理。其中，服务管理主要负责医疗资源配置、医护人员配置和在线挂号等服务；数据管理主要负责数据存储、分析和传输；知识管理主要负责隐性知识的存储、表示、挖掘、搜索和分析等工作；用户管理主要负责用户基本信息管理、用户信息管理和用户遗传信息管理等。

（四）功能层

数字孪生智慧健康可通过手机、电脑、医疗系统和专用设备进行应用。例如患者可以通过医院的微信服务号进行诊疗卡办理、预约挂号、全流程缴费等，大大减轻了医院的接诊压力，提高了管理效率；基于在线问诊功能，医疗机构可以获取患者信息，为患者提供实时监控、危机预警、医疗指导等服务，向患者发送健康建议，并进行资源分配模拟；通过第三方软件保证医疗服务费用实现安全、快速支付。

（五）安全系统与信息共享标准

安全系统负责确保医疗数字孪生系统中所有层的安全，包括系统和平台安全、网络安全、医疗数据安全、用户个人隐私和信息安全、应用安全以及安全管理，对防止来自第三方的恶意攻击、信息和数据的盗窃与篡改至关重要。安全系统可以帮助医疗系统具备灾备、应急响应、监控和管理等安全功能。

除了上述功能，为了保证医疗保健数据的收集、共享和交换，以及应用程序服务管理实现跨应用、跨系统、跨平台共享，智慧健康平台还需要标准化和系统化的规范模块。

三、典型应用场景介绍

基于数字孪生的智慧健康典型应用场景主要包括健康实时监控、健康预测分析和健康医疗诊断三个方面。

（一）健康实时监控

1.急性疾病的产生一般存在一定诱因，在突发前会有一定的征兆。传统手段无法进行征兆监控，而数字孪生可根据急性疾病突发前的征兆进行预警，为患者争取紧急处理时间（图4-34）。

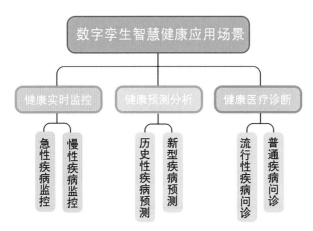

图4-34　基于数字孪生的智慧健康典型应用场景

2.慢性疾病发病相对缓慢，但在病情达到一定程度后治疗极为困难。传统手段需要阶段性诊断了解病情进展情况，而数字孪生通过透明化持续观察病情进展情况，实现了实时健康状态监控，使得病人能够及时获得治疗。

（二）健康预测分析

1.当患者存在历史性疾病时，医生通常需要掌握历史病例以进行诊断。传统手段需要电子病例、纸质病例和患者口述辅助医生诊断，而数字孪生通过患者历史数据预测疾病类型，实现了健康预测分析，辅助医生快速做出诊断。

2.当患者患有疾病时，医生通常根据患病症状进行诊断。传统手段通过医生经验采用排除法诊断疾病类型，而数字孪生可以通过相似症状和患者本身历史疾病信息的比对，预测患者疾病类型。

（三）健康医疗诊断

1.流行性疾病的诊断需要根据患者的发病症状和流行疾病类型进行判断。传统诊断方法依靠医生经验逐步排查，而数字孪生通过对当前流行疾病流行趋势的监控和对患者本身症状的观察，进行健康医疗诊断，辅助医生快速诊断患者的患病类型并给出处理措施。

2. 针对普通疾病的诊断多采用逐步排除法。传统诊断方法需要依赖医生的丰富经验和相关检查，而数字孪生通过结合监测得到的人体健康指标和历史病例，辅助医生快速诊断患者的患病类型并给出处理措施。

（四）医疗资源分配

基于医疗大数据合理分配医疗资源、提升公共健康保障效率、施行智慧医疗保健，是数字孪生智能化应用的重要组成部分。利用物联网技术构建"电子医疗"服务体系，可以实现医疗监护设备小型化、无线化；发展智慧家庭健康保健、智能健康监护，可大幅降低城市公众医疗负担，缓解城市医疗资源紧缺的压力。掌握城市居民群体的医疗数字孪生，有助于合理规划和分配医疗资源，辅助社保、扶贫等政策的制定。

（五）精准医疗

精准医疗是未来的诊疗模式。基于医疗数字孪生，医生可以对患者的健康大数据（基因、生活习惯、家族病史和病例）进行搜集和分析，进而提出个性化治疗方案，实现精准诊断与治疗。这种模式不仅有利于患者的治疗，更有利于人们对疾病的预防。个性化药物使医疗效率得到提高、药物副作用影响降低、住院率下降，最终令患者整体医疗成本下降，同时也缓解了医疗资源不足的问题。

在个人的健康监测与管理方面，通过数字孪生可以更清楚地了解我们身体的变化，对疾病做出及时预警。通过各种新型医疗检测和扫描仪器以及可穿戴设备，可以完美地复制出一个数字化身体，并可以追踪这个数字化身体每一部分的运动与变化，从而更好地进行健康监测和管理。但同时，时刻监测反馈所带来的心理暗示是否会影响人类健康又会成为新的问题。

（六）远程医疗

通过5G等传输技术，远程医疗得到了进一步普及。目前，全国首例基于5G的远程人体手术——帕金森病"脑起搏器"植入手术成功完成，这对实现优质医疗资源下沉、自动诊疗有着重要意义。

（七）数字孪生人体

结合数字孪生的人体域网技术将是下一代移动通信网络的重要应用之一，在此基础之上的数字孪生医疗将是未来医疗业务的主要发展方向。与工业制造的数字孪生不同，结合个人无线通信的数字孪生将以人为主体，突出和人相对应的服务。数字孪生将结合个人体域网络，帮助下一代移动通信网络实现更加丰富多样的功能，并成为其他通信关键技术的基础设施之一。

进入 6G 时代，通过在体内、体外密集部署无线传感器，人体域网将对人体信息进行实时收集、分析与建模，实现人的数字孪生，即构建个性化的"数字孪生人"。通过数字孪生人可以进行高效的病毒机理研究、器官研究等；数字孪生人还可以协助医生进行精确的手术预测。可以想象这样的场景：医生在进行一场手术，数字孪生人提示医生在不同位置切一刀后患者状况的变化，为医生提供最好的手术辅助；患者在手术完出院后，医院仍可以通过监测数字孪生人的变化，为患者提供后续的健康管理。在医学研究领域，数字孪生人也将发挥重大作用。例如，人的大脑非常复杂，大脑的活动不易被追踪和研究，而大脑的思考方式、运动感知功能都是科研人员研究的重点和难点。将数字孪生技术用在对大脑的研究上，可以方便实验人员进行模拟实验，以发现大脑深层的秘密。同理，也可以通过对数字孪生人进行某些控制来模拟病毒、细菌的攻击，进而为病毒机理的研究提供借鉴。

数字孪生人的四个关键技术环节包括数据采集、数据汇聚、数据计算，以及与大网通信的交互。其中，数据采集环节使用不同尺寸的传感器、摄像头等体内外数据采集装置，对人体生理信息进行采集；数据汇聚环节则依靠分子通信或传统电磁波通信将采集到的数据汇聚于数据中心；数据计算环节使用协同计算、数字孪生、全息呈现等技术对汇聚后的数据进行计算、分析；与大网通信的交互环节将数据传输至大网，对数据进行储存或进一步筛选分析。为了实现人体全部信息的数字孪生，需要对网络带宽、时延、可靠性和安全性等指标提出更高的要求。

第七节 教育

一、数字孪生教育应用概述

数字孪生教育是一种基于数字孪生技术开展教育活动的新兴教育模式，它将物理世界的实体对象、过程和规律数字化，通过虚拟仿真、模拟操作等方式，为学生提供更直观、更生动、更高效的学习体验。

数字孪生教育的发展受益于数字孪生技术的快速发展和应用。数字孪生技术可以通过传感器、扫描仪、虚拟实验等，对物理对象和过程进行数字化建模和仿真，为数字孪生教育提供强有力的技术支持。同时，数字孪生教育也有利于教育改革和创新，它可以为学生提供个性化、多样化的学习体验，帮助学生培养实践能力、创新精神，养成终身学习习惯。

二、教育数字孪生建设体系

1. 数据采集与建模

数字孪生教育的第一步是采集和处理数据，包括物理对象的几何形状、结构特征、材料属性等，还包括物理过程的数学模型、物理学规律等。这些数据可以通过传感器、扫描仪、虚拟实验等方式进行采集和处理，并转化为数字孪生模型。

2. 数字孪生模型的构建与优化

数字孪生教育的第二步是构建和优化数字孪生模型。数字孪生模型是数字孪生教育的核心，可以通过虚拟实验、模拟操作等方式进行使用。学生可以通过数字孪生模型提高对物理现象和过程的理解和认识。建立数字孪生模型后，还需要对数字孪生模型不断地优化和调整，以提高数字孪生模型的精度和可靠性。

3. 虚拟仿真

数字孪生教育的第三步是基于数字孪生模型进行虚拟仿真，包括对物理过程的仿真。基于数字孪生模型，可以开展虚拟实验和模拟操作，让学生进行实验和操作的练习与探究。虚拟实验和模拟操作可以培养学生的实践能力和创新精神，增强学生对物理过程和现象的认识和理解。

4. 教学资源和教学设计

教学资源和教学设计需要由专业教师和专门的教育机构进行开发和设计，同时也需要相应的教学管理系统和学习管理系统进行支持和管理。

5. 教育服务和技术支持

教育服务和技术支持包括教学咨询、技术支持、维护和更新等服务，可以确保数字孪生教育的稳定和可持续发展。

三、典型应用场景介绍

数字孪生在教育领域的应用可以培养学生的实践能力和实际操作

技能，降低学习成本和风险，提供更为精准的教学评估和个性化的学习体验，为教育提供更为丰富和有效的支持。

（一）模拟教学

随着信息时代的到来，数字化技术在教育领域的应用越来越多。数字孪生技术的出现，为教育领域提供了更加先进和高效的数字化手段，能够更好地满足教育信息化发展的需求。

1. 工程教育

数字孪生可以用于机械、电子、建筑等工程领域的教育，为学生展示更为真实的操作和场景。例如，学生可以在数字孪生平台上学习机械零件的三维建模，进行虚拟装配和模拟测试，加深对机械原理和工程设计的理解（图4-35）。

图 4-35　虚拟装配场景

2. 医学教育

数字孪生可以用于医学领域的教育，为学生展示更为真实的治疗场景。例如，学生可以在数字孪生平台上进行虚拟的手术操作和治疗模拟，以加深对疾病治疗原理和手术技能的理解（图4-36）。

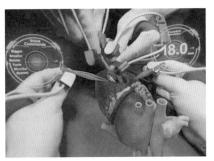

图 4-36　虚拟手术场景

和传统教学相比，模拟教学具有很多优势：

1. 超越时间和空间限制

模拟化教学环境可以实现线上教学、远程教学和跨地域教学，不受时间和空间限制，可以让学生在任何时间、任何地点进行学习。

2. 提供灵活的学习方式

模拟化教学环境可以提供多样化的学习方式，包括在线课程、视频学习、模拟实验、网络讨论等，满足学生不同的学习需求和学习风格。

3. 提高学习效率和质量

模拟教学环境可以提供个性化的学习服务和支持，包括学习建议、课程推荐、作业批改、学习评估等，可以提高学生的学习效率和质量。

（二）虚拟实验

在传统的教学模式中，学生往往只能通过文字、图片等方式来学习、实践课程，存在一定的局限性。虚拟实验是指利用数字孪生技术，模拟实验场景和实验操作过程，让学生在虚拟环境中进行实验操作和实验研究，以实现教学目的的一种教学手段。数字孪生技术可以为教育提供更为丰富的教学资源，使学生更加便捷地进行学习和实践，同时降低教育的成本和实验的风险；提供更为真实的实践环境和场景，让学生更好地提高实践能力和操作技能。例如，学生可以在数字孪生平台上进行实验，同时可以进行多次重复和观察，以更好地理解实验原理和现象（图4-37）。

图4-37　实验室环境、设施、仪器虚拟

虚拟实验可以应用于多个学科，如物理学、化学、生物学、医学等，为学生提供更加安全、灵活、便捷、直观、反馈及时的实验教学体验和服务，促进教育教学的创新和升级。与传统的实验教学相比，虚拟实验具有以下几个特点：

1. 安全可靠

虚拟实验可以避免实验操作过程中可能出现的危险和安全隐患，保障学生的人身安全。

2. 灵活便捷

虚拟实验可以随时随地进行，不受时间和空间限制，学生可以自由选择实验时间和实验场景，提高了学习的灵活性和便捷性。

3. 重复实验

虚拟实验可以多次重复实验，提高了学生的实验操作技能水平和实验数据分析能力。

4. 多维度展示

虚拟实验可以通过多维度的图像、声音、视频等方式展示实验过程和实验结果，让学生更加直观、深入地了解实验原理和实验结果分析。

5. 提供反馈

虚拟实验可以提供实时的反馈和评估，让学生及时了解实验结果和实验操作中的错误，并纠正错误和提高实验操作技能水平。

（三）教学评估

数字孪生教学评估是指通过数字孪生技术手段，对学生在虚拟教学环境中的学习行为和学习效果进行评估和监测，提供教学反馈和帮助教学改进的教学手段，可以帮助教师更好地了解学生的学习情况和学习效果。

例如，学生在数字孪生平台上的表现和反应可以被记录和分析，为教师提供更为精准的教学评估数据和反馈，方便教师调整教学策略和方法，为学生个性化学习提供更有效的支持。

虚拟教学评估可以应用于多个领域，如在线课程、虚拟实验、模拟演练等，为学生提供更加个性化、全面、准确、及时的教学评估服务和支持，促进教育教学的创新和升级。

与传统的教学评估相比，虚拟教学评估具有以下几个特点：

1. 自动化和智能化

虚拟教学评估可以实现自动化和智能化，通过计算机程序对学生的学习行为和学习效果进行实时监测和分析，提供及时的教学反馈和教学改进建议。

2. 多维度评估

虚拟教学评估可以从多个维度对学生的学习行为和学习效果进行评估，包括学习进度、学习成果、学习态度、学习质量等方面，以提供全面、准确的学生评估结果。

3. 个性化评估

虚拟教学评估可以根据学生的学习特征和学习需求，提供个性化的评估服务和支持，包括学习建议、评估报告、教学改进建议等方面，满足学生个性化的评估需求。

4. 实时性和及时性

虚拟教学评估具有实时性和及时性，可以在学生进行虚拟教学过程中即时监测和评估学生的学习情况，实时提供教学反馈和教学改进建议。

5. 提高教学效果和质量

虚拟教学评估可以提高教学效果和质量，通过及时的学生评估和教学反馈，帮助教师及时纠正教学中存在的问题，提高教学质量和效果。

（四）个性化学习

数字孪生技术可以根据学生的学习情况和需求，提供更为个性化的学习体验和教学资源，从而更好地满足不同学生的学习需求。

1. 学习内容个性化

根据学生的学习需求、兴趣爱好和学习进度等，为学生提供量身定制的学习内容，以满足学生的个性化学习需求。

2. 学习方式个性化

根据学生的学习风格、学习能力和学习进度等，为学生提供量身定制的学习方式，包括在线课程、虚拟实验、教学游戏等多种形式，以提高学生的学习效果和学习兴趣。

3. 学习进度个性化

根据学生的学习进度和学习能力等，为学生提供量身定制的学习进度，以满足学生的个性化学习需求。

4. 学习评估个性化

根据学生的学习情况和学习效果等，为学生提供个性化的学习评估服务和支持，以帮助学生及时了解自己的学习情况和学习进度，并为教师提供更好的教学反馈和教学改进建议。

第八节　交通

一、数字孪生交通应用概述

数字孪生在交通领域中具有广泛的应用，其通过将交通实体与数字模型进行实时同步，实现全面的数据感知、实时的信息共享、精确的协同决策，促进交通系统的数字化和智能化。数字孪生在交通领域的应用可以提高交通运输系统的效率和安全性，降低成本和风险，提升用户体验和服务质量。

数字孪生在交通领域应用的核心在于将基础设施和交通目标全部转化为带有特征信息的数字，从而转化成供机器自动读取和识别的语言。在此基础之上，可以获取道路和设备的全生命周期状态过程，并将含有位置、速度、角度、轮廓、类型的交通参与目标直接提供给计算单元，令其自动判别目标行为。

区别于传统视频监控，一方面，数字孪生的立体多维呈现不受光线条件的影响，可最为直观、全面地展示实时交通状态；还可以灵活切换任意视角，从路网的交通态势到个体车辆的行为，都可一目了然。

另一方面，依托极低时延网络，数字孪生可进行微观交通行为的预测，依据交通参与者的空间位置、速度、方向等判定碰撞可能性并为车辆或行人提供预警。长期的精准数据分析也可为交通管理策略、交通应急处置预案优化提供更精准的依据（图4-38）。

图4-38　数字孪生智慧交通

二、交通数字孪生建设体系

数字孪生在交通领域的应用框架通常包括以下几个环节：

1.数据采集和处理

该环节主要采集交通系统中的各种数据，如车辆运行状态、路况信息、交通事故数据等，然后进行数据存储、清洗和处理，以便后续建模和分析。

2.建模和仿真

该环节基于已采集的数据建立交通系统的数字孪生模型，进行仿真和验证。数字孪生模型通常包括车辆模型、道路模型、交通信号控制模型等，可以对交通系统的运行状态、拥堵情况、事故模拟等进行预测和分析。

3.可视化和交互

该环节对数字孪生模型的结果进行可视化展示，并提供交互式操作界面，以便用户进行数据查询、分析、决策等。

4.告警和决策支持

在数字孪生模型运行过程中，如果发现交通系统出现异常或拥堵情况，系统会自动发出告警信息，并提供相应的处理建议。同时，数字孪生模型还可以为决策者提供决策支持，如制定最佳的路网规划方案、交通信号控制策略、交通事故应急预案等。

5.持续改进和优化

数字孪生模型可以通过不断的数据采集和模型优化，实现对交通系统的持续改进和优化。通过分析模型的运行结果，数字孪生模型可以发现交通系统中存在的问题和瓶颈，并提出相应的解决方案，从而不断提高交通系统的效率和可靠性。

三、典型应用场景介绍

（一）交通运输管控

数字孪生可以通过对交通信号灯、路口、高速公路等交通设施的数字模型进行分析和优化，实现交通控制的智能化和优化，提高交通流量并减少拥堵。数字孪生可以从以下几个方面实现对交通的闭环管控（图4-39）。

1.交通实时监测

数字孪生可以利用传感器等技术实时监测交通流量、车速、拥堵等情况,并将数据与数字模型同步,实现对交通情况的实时监测和分析。

2.交通仿真模拟

数字孪生可以为交通运输系统提供仿真模拟平台，通过数字模型对交通运输系统进行仿真，评估交通系统的性能，优化方案。

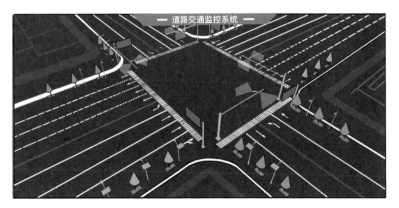

图 4-39　道路交通监控系统

3. 交通规划优化

数字孪生可以对交通运输实体进行分析和预测，以实现交通规划和优化方案的制定和实施，提高交通运输系统的效率和可持续性。

4. 交通指挥调度

数字孪生可以通过对交通运输实体的数字模型进行分析和优化，实现交通指挥调度智能化，提高交通运输系统的效率和安全性。

（二）智能交通安全

数字孪生可以通过对道路、车辆、行人等交通实体的数字模型进行分析和预测，实现交通安全预警，减少交通事故的发生（图 4-40）。

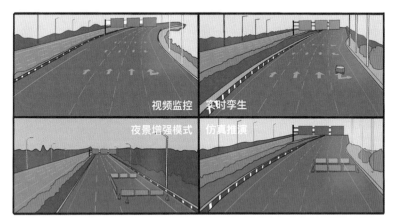

图 4-40　智慧交通仿真

1. 监控和发现

通过数字孪生系统，可以创建一个信息获取及控制的闭环，实现全过程掌控。更重要的是，在一个非常庞大复杂的场景中，数字孪生系统可以及时发现一些关键问题并做出处理。比如说，进入秋冬时节，安徽高速部分路段团雾天气频发，团雾具有能见度低、突发性强、气象预报困难的特点，易引发交通事故。运用数字孪生技术，可以通过对动态感知数据进行实时监测，及时发现团雾并发出警示。

2. 推演和预测

在掌握数据后，可以对一些参与者创建微观行为模型，然后对大量交通参与者进行仿真计算，获得宏观的模拟结果，推演事态的发展，实现预测功能。数字孪生可以通过数据分析和预测技术，实现对交通事故的预测和识别，提高交通安全，减少事故发生。

3. 历史追溯和复盘研究

当一个事件发生以后，可以运用数字孪生系统去复原这次事件发生的全过程，探究当时的每一步应对是否做得足够好，是否具备改善空间。这是数字孪生技术的一项特殊能力。

（三）交通智能决策

通过基本的城市路网拓扑信息、设施信息、交警动态数据信息（包括 SCATS 数据、卡口视频、线圈数据、微波数据等）和互联网数据（第三方地图数据）的数据融合，可以得到预处理结果（设备流量数据、路口过车数据、车辆轨迹数据）。在此基础上对交通指标进行计算，可以为后续路网态势预测及智能信号优化提供数据支撑。

1. 景区人流预测

利用景区周边路口的摄像头分析人流数，再参考历史大数据，可以预测未来不同时段到达人数。在三维地图上标注不同时段预测的人流总数，当预测人数达到警报值时，平台会发出醒目提示（图 4-41）。

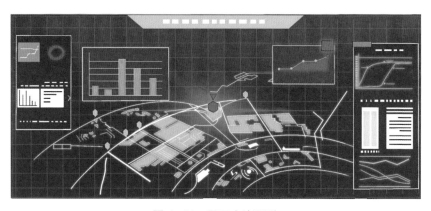

图 4-41　景区人流预测

2. 交通仿真

依据车流预测结果，在三维地图上模拟车辆行驶，调整交通控制策略（信号灯、疏导方案等），查看拥堵缓解效果（图 4-42）。

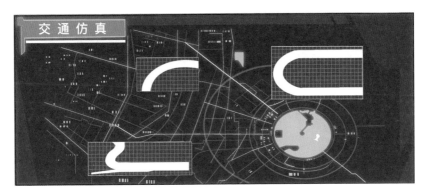

图 4-42　交通仿真

3. 综合交通诱导

交通诱导根据诱导的场景不同可分为进城路线诱导、常发性拥堵诱导、高速事故诱导、停车诱导等。通过汇集互联网交通事件，视频识别的拥堵、事故，以及第三方地图数据和交警卡口、微波、线圈等数据，实时感知整体交通运行状况；通过智能算法，对道路上的车流进行合理的分配，优化交通动态分配；通过诱导屏及导航 App 将交通实时运行状态以及拥堵、封闭等关键信息传达给出行者，缩短出行者的旅行时间（图 4-43）。

图 4-43　常发性拥堵诱导

（四）智能公共交通

数字孪生可以通过对公共交通实体的数字模型进行分析和优化，提高公共交通调度效率和服务质量，降低运营成本和提升用户体验。

通过对公交车辆数字模型的监测和分析，数字孪生可以实现对车辆的实时监测和维护，优化车辆调度和路线规划，提高公交运输的效率和服务质量（图4-44）。

图4-44　数字孪生公交车站台

（五）智慧高速

全天候通行系统是当前智慧高速基于数字孪生技术建设的重点应用之一，部分企业已利用数字孪生技术建设全天候通行系统。通过车、路两端布设的传感器将车辆、道路的数据信息进行实时收集，再经过数字孪生技术处理后，结合车道级的高精底图，将最终的效果实时呈现在车端OBU显示屏上，可以辅助驾驶人员了解车辆行驶的道路情况和周边过车情况，从而保证车辆在雨雾天气的正常通行。除此之外，车辆行驶过的道路信息还将同步上传至数字孪生可视化平台，帮助交通管理人员对道路环境做出预警判断。

（六）智慧物流

数字孪生可以通过对物流运输实体的数字模型进行实时监测和分析，实现对运输物流的实时监测和调度，提高物流系统的效率和可靠性。

1. 物流网络优化

数字孪生可以模拟物流网络，包括仓库、运输路线、交通状况等，然后通过数据分析和模拟优化，提高物流网络的效率和可靠性。

2. 货物追踪和监控

数字孪生可以通过物联网、传感器等技术，实时追踪和监测运输过程中货物的位置和运输环境的温度、湿度等，提供实时的货物信息和监控服务。

3. 决策支持和预测

数字孪生可以通过模拟和分析物流运营数据，为物流企业提供决策支持和预测服务，例如货物需求预测、运输路线优化、配送计划制订等。

4. 智能调度和管理

数字孪生可以通过模拟和优化物流运营过程，实现智能调度和管理，例如自动化仓库管理、智能配送调度等，提高物流运营效率和服务质量。

5. 智能仓储和配送

数字孪生可以模拟和优化仓储和配送过程，例如智能库存管理、智能分拣等，提高物流运营效率和服务质量。

（七）车路协同

数字孪生可以通过实时交通信息共享、车辆位置监测、智能交通信号控制、车辆自动驾驶优化、交通事件预警和处理等形成闭合赋能，提高车路协同服务的效率和质量，从而为用户提供更加便捷和安全的出行服务（图4-45）。

图4-45　车路协同场景

1. 实时交通信息共享

数字孪生可以通过实时数据更新提供交通信息共享服务，包括实时的路况信息、交通事件提醒等，为车辆和交通管理部门提供准确和及时的信息支持。

2. 车辆位置监测

数字孪生可以实时监测车辆位置和行驶状态，为交通管理部门提供实时的车辆监管和管理服务。

3. 智能交通信号控制

数字孪生可以通过模拟交通流量和路况信息，优化交通信号控制，提高交通流通效率和安全性。

4. 车辆自动驾驶优化

数字孪生可以通过模拟车辆行驶环境优化自动驾驶技术，提高自动驾驶的安全性和可靠性。

5. 交通事件预警和处理

数字孪生可以通过模拟和分析交通事件，提前预警和处理交通拥堵，保障道路畅通和交通安全。

6. 车辆驾驶路径规划

数字孪生可以根据实时路况信息和车辆自身信息，为车辆提供最优路径规划，提高车辆驾驶的效率和安全性。

（八）自动驾驶技术

数字孪生可以为自动驾驶技术提供仿真平台，测试自动驾驶车辆的性能和安全性，对自动驾驶路线进行规划、优化和预测。

数字孪生可提升智能驾驶的试验精度，通过搭建与真实世界1：1比例的数字孪生场景，还原物理世界运行规律，可以满足智能驾驶场景下人工智能算法的训练需求，大幅提升训练效率和安全度。如通过采集激光点云数据建立高精度地图，构建自动驾驶数字孪生模型，完成厘米级道路还原；同时对道路数据进行结构化处理，将之转化为机器可理解的信息，再通过大量实际交通案例，训练自动驾驶算法处理突发场景的能力，最终实现高精度自动驾驶的算法测试和检测验证。

（九）智能交通信息服务

数字孪生可以通过对交通运输实体的数字模型进行分析和预测，提供实时的交通信息服务。通过交通监控设备、车辆定位技术等，数字孪生可以提供实时的道路交通信息，如路段拥堵情况、交通事故信息等。同时，数字孪生还可以通过对道路实体的数字模型进行分析和预测，实现对道路安全的监测和预警，减少交通事故的发生，提高道路安全性。

1. 实时性

数字孪生可以通过实时数据更新，提供更加准确和及时的交通信息服务，例如，实时路况信息、交通事件提醒等。

2. 可视化

数字孪生可以将交通数据可视化，以图表、地图等形式呈现，使用户更加直观地了解交通情况。例如，交通流量图、车辆位置图等服务可以通过数字孪生实现可视化展示。

3. 个性化

数字孪生可以根据用户需求和偏好，提供个性化的交通信息服务。例如，路线规划服务可以根据用户的偏好和实时路况，提供最适合用户的路线规划方案。

4. 智能化

数字孪生可以通过数据分析和模拟优化，实现交通信息服务的智能化。例如，智能停车服务可以通过数字孪生实现自动停车、自动寻找停车位等智能化功能。

5. 集成化

数字孪生可以将不同的交通信息服务集成，实现交通信息服务的一体化管理。例如，将路况信息、路线规划、停车信息等服务进行集成，提供完整的交通信息服务。

（十）交通出行服务

基于实时路况信息和交通流量数据，数字孪生可以通过对出行实体的数字模型进行分析和预测，为驾驶员提供最优路线规划，避开拥堵路段和交通事故区域。

1. 实时的交通流预测

数字孪生可以模拟出真实世界的交通流，并通过实时更新的数据，预测未来交通流量和拥堵情况，为交通管理部门和驾驶员提供参考。

2. 路网优化

数字孪生可以通过模拟分析交通流量、车辆行驶速度、道路设计等，优化路网设计，提高交通通行效率和安全性。

3. 车辆运营优化

数字孪生可以模拟车辆运营过程，帮助车辆运营企业制定更加高效的车辆调度和路线规划，提高车辆运营效率和服务质量。

4. 交通事故模拟和预防

数字孪生可以模拟交通事故的发生过程，分析事故原因和影响，为交通管理部门和驾驶员提供预警和预防措施。

第九节 智慧城市

一、数字孪生智慧城市应用概述

数字孪生城市是利用数字孪生技术，以数字化方式创建城市物理实体的虚拟映射，借助历史数据、实时数据、空间数据以及算法模型等，仿真、预测、交互、控制城市物理实体全生命周期过程的技术手段。通过这项技术，可以实现城市物理空间和社会空间中物理实体对象以及关系、活动等在数字空间的多维映射和连接。

数字孪生城市通过构建城市物理世界及网络虚拟空间一一对应、相互映射、协同交互的复杂系统，在网络空间再造一个与之匹配、对应的孪生城市，实现城市全要素数字化和虚拟化、城市状态实时化和可视化、城市管理决策协同化和智能化，形成物理维度上的实体世界和信息维度上的虚拟世界同生共存、虚实交融的城市发展新格局。数字孪生城市既可以被理解为实体城市在虚拟空间的映射状态，也可以被视为支撑新型智慧城市建设的复杂综合技术体系，它支撑并推进城市规划、建设、管理，确保城市安全、有序运行。

二、智慧城市数字孪生建设体系

数字孪生智慧城市是基于云计算、大数据、人工智能、物联网等新一代信息技术构建的开放创新运营平台，它深度整合汇集政府数据、设备感知数据、历史统计数据、GIS数据，以及行为事件、宏观经济等人、事、物的海量、多源、异构数据，开展数据融合计算，完成数据融合、智能感知、业务联动处置闭环，实现城市运行感知、公共资源配置、宏观决策指挥、事件预测预警等功能，实现对城市可视、可监、可控的闭环控制。这一技术基于统一的标准和规范，积累完整的城市大数据资产，支撑城市管理、生态环保、安全保障、应急管理、公共服务、产业发展等各领域的数字化转型升级，辅助城市管理者实现"规划—建设—管理—运维"城市全生命周期评估，提升城市精细化治理水平，提升政府管理能力（图4-46）。

（一）基础设施层

城市新型基础设施包括全域感知设施（包括泛智能化的市政设施和城市部件）、网络连接设施和智能计算设施。与传统智慧城市不同的是，数字孪生城市的基础设施还包括激光扫描、航空摄影、移动测绘等新型测绘设施，旨在采集和更新城市地理信息和实景三维数据，确保数字孪生城市实时同步运行。

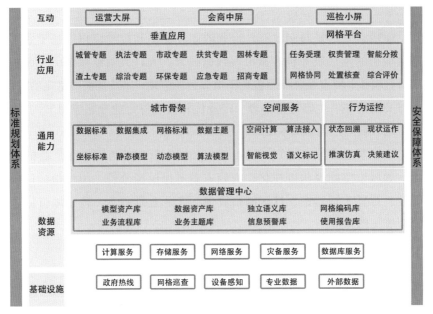

互动	运营大屏		会商中屏		巡检小屏	

图 4-46　数字孪生城市架构体系

（二）智能运行中枢

智能运行中枢是数字孪生城市的能力中台，由五个核心平台承载。

1.泛在感知与智能设施管理平台，对城市感知体系和智能化设施进行统一接入、设备管理和反向操控。

2.城市大数据平台，汇聚全域全量政务和社会数据，与城市信息模型平台整合，展现城市全貌和运行状态，成为数据驱动治理模式的强大基础。

3.城市信息模型平台，与城市大数据平台融合，成为城市的数字底座，是数字孪生城市精准映射、虚实互动的核心。

4.共性技术赋能与应用支撑平台，具有人工智能、大数据、区块链、AR/VR等新技术基础服务能力，以及数字孪生城市特有的场景服务、数据服务、仿真服务等能力，为上层应用提供技术赋能与统一开发服务支撑。

5.泛在网络与计算资源调度平台，采用软件定义网络（SDN）、云边协同计算等技术，能够满足数字孪生城市高效调度、使用云网资源的需求。

（三）应用服务层

应用服务层是面向政府、行业的业务支撑和智慧应用。基于数字孪生城市的应用服务包含城市大数据画像、人口大数据画像、城市规划仿真模拟、城市综合治理仿真模拟等智能应用，以及社区网格化治理、道路交通治理、生态环境治理、产业优化治理等行业专题应用。

三、典型应用场景介绍

数字孪生在城市规划、城市建设和城市管理等方面有着广泛的应用，如城市空间现状可视化、规划方案对比模拟分析、用地指标过程管控、智慧工地监控、社区网格管理、产业全景雷达、智慧城市综合治理等（图4-47）。

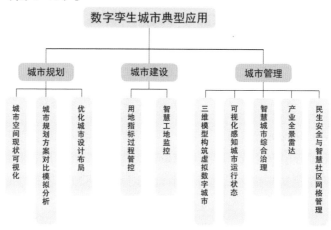

图4-47　数字孪生城市典型应用

（一）城市规划

1. 城市空间现状可视化

城市的现状研究包含地上地下、室内室外、自然地形等。传统的测绘或者研究成果多分散在各个部门，且测绘的结果无法实时展示或者更新。

数字孪生平台可以对各类现状数据进行分类和整合。例如，通过整合地下结构数据，可以实现城市地质调查数据管理、展示、分析与共享的二维、三维一体化解决方案，以满足地质调查成果数字化、成果立体模型化、成果表达多样化、成果服务广泛化的要求为目标，提供一个面向城市多源异构地质数据的管理平台，一个面向专业人员的研究工作平台，一个面向政府部门及企事业单位的三维可视化决策辅助支持平台，一个面向社会公众的信息服务平台。

可通过等高线数字高程模型（DEM）展示城市发展的基础现状，如具体的地质和高程信息（图4-48）。城市发展的现状不仅仅是数字孪生场景的基础，也是城市规划、城市建设、城市管理业务的基础。城市现状的人口、用地、地质、风向等数据是城市发展的数据基础。

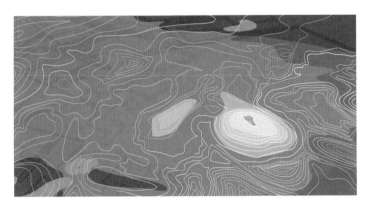

图4-48　等高线数字高程模型（DEM）展示

2.城市规划方案对比模拟分析

在国土空间规划编制阶段，可将未来城市规划面貌按照1：1比例复原真实城市空间。不同于以往传统的规划图纸与效果图，数字孪生城市以最直观的方式将信息呈现在城市管理者、城市设计者与大众面前。在细度上将数据颗粒度细化到了建筑内部的一根水管、一根电线、一个机电配件，以及建筑外部的一草一木；在广度上覆盖了地上的地块、河流、道路、建筑，地下的管网、隧道和地铁线路，为城市建设实现可视化赋能，为展望城市未来蓝图、推演城市未来规划助力。数字孪生城市能帮助城市管理者更直观与全面地对比城市设计方案，以便更好地做出城市规划决策。数字孪生城市服务于城市规划、城市建设、城市管理全生命周期，能为城市综合指挥中心各部门提供一张在线的蓝图。

数字孪生城市数据面板需融合城市概况、人口密度、人口规划、建设用地规划、主城区规划等规划类数据，直观展示城市现状与未来规划指标。在智慧城市设计与施工阶段，可以通过三维数字仿真与工地基建仿真还原，在实现工程施工可视化智能管理的前提下，提高工程管理信息化水平。数据面板需展示环境实时监测数据、项目工程信息、节点计划、现场管理人员名单与类型统计，做到项目管理、人员管理、安全管理"一张图"，保证施工人员安全，实现人员高效管理调度，维护施工环境的绿色安全。

3. 优化城市设计布局

打造科学公共服务体系是 21 世纪公共行政和政府改革的核心理念之一，包括加强城乡公共设施建设，发展教育、科技、文化、体育、政务、交通、司法等公共事业，为社会公众参与社会经济、政治、文化活动等提供保障。城市是一个开放庞大的复杂系统，具有人口密度大、基础设施密集、子系统耦合程度高等特点。如何实现对城市各类信息数据的实时监控，围绕城乡公共设施建设，从科技、文化、政务、交通、司法等多方面对城市进行高效管理，是现代城市建设的核心之一。公众的各类活动，不但存在于物理空间中，而且在虚拟空间中得到了极大的扩充。虚拟交互、协同与融合将定义城市未来发展新模式。智能服务通过数字孪生对城市进行规划设计，指引和优化城市的科技、文化、体育、生态、交通发展，改善市民服务，赋予城市生活"智慧"。

（二）城市建设

1. 用地指标过程管控（控规盒子）

控规盒子功能模块根据控规指标中每一个地块的用地性质、限高、退界线等信息，将控规指标三维化、可视化，实现消防指标，建筑限高、建筑退界、用地红线等规划指标可视化。在进行方案比选时，可采用双屏显示对比同一地块的不同方案，真正实现直观、便捷的方案比对与方案查看。对城市地下综合管廊进行可视化统一集成式管理，提高运维效率。

通过导入不同年份的规划数据，可拖动时间轴查看过去及未来年份的区域用地规划，实现跨时空总览城市发展历程与轨迹。

通过可视域分析帮助人们了解城市空间内任一点的可见区域情况，为城市建筑设计与城市安防摄像头布设选点提供参考依据。

2. 智慧工地监控

通过三维数字仿真与工地基建仿真还原，建立智慧工地；通过横切面视角和掀地管廊方式，精细查看管廊尺寸类别等细节，建立智慧管网；通过查询渣土车车牌、追踪渣土车轨迹，实现渣土车智慧管理。

（三）城市管理

1. 三维模型构筑虚拟数字城市

基于城市卫星影像或正射影像数据及高程数据、矢量数据（包括行政区划、建筑地面轮廓、水系、道路、植被等），构建城市三维模型，通过 GIS、BIM 等数字化手段令建筑物、构筑物拥有"血肉"，以物联感知构成"神经"，在三维可视化平台展现完整详细的城市运行状态，支持三维模型对象选择、智能摆放和实时动态更新，支持 360 度观察虚拟世界对象，实现对三维场景和数据从任意角度、在任意位置的全方位观察。

2. 可视化感知城市运行状态

通过数字孪生城市技术，可以全面感知和监测城市相关领域运行状态，实时研判城市特定区域出现的异常情况，利用虚拟服务现实，实现对城市规律的识别，辅助态势预测和政策制定，为改善和优化城市系统提供有效的指引。

利用此技术，还能从宏观经济、区域经济、产业链等不同维度，深度剖析城市经济运行态势，通过信用数据分析展示高风险企业、经营异常企业、行政处罚企业、黑名单企业、红名单企业、重点监测企业等数据，对重点企业进行动态监测提前预警，从而实现对经济运行风险的预警。

此外，还可以通过数字孪生城市技术，从宏观、中观、微观三个层面对城市环保情况进行实时动态监测，对管辖范围内的废水排放、空气质量等的指标、视频监控等多方面进行环境污染要素进行综合评价分析，对生态环境重点污染源、生态环境动态变化有效监管，实现环境保护动态监测。

利用此技术，在常态管理时，可以实现现有救援队伍、救援专家、救援物资、救援装备"一图可见"；在应急管理时，能够进行灾点快速定位，同时匹配对应的应急预案，接入灾害点附近天网视频，显示灾害点周围应急资源，保障应急指挥及时救援。

数字孪生城市技术可以总体实现对重大项目建设进度"一图可见"，对项目滞后情况进行统计分析；在精细层面运用数字孪生理念，可对项目实际建设程度进行模拟，同时可查看施工现场监控视频，实现虚实同步运转、情景交融，确保重大项目顺利推进。

3. 智慧城市综合治理

基于城市数字孪生体，能够完成城市日常综合治理和城市精细化管理，实现多部门统一联动协调，通过人工智能手段实现对综合治理处置的智能辅助指导，提高综合管理能力。以综治事件自动派单与处置指导为目标，通过自然语言处理、深度学习等人工智能技术与物联网数据进行整合，建立综治事件处置模型，实现简单事件快速派单处置、重复无效事件甄别反馈、复杂事件拆分指导。

针对目标区域，基于数字孪生实现无人机全地形自动巡航，形成正射影像瓦片地图；采用 AI 智能监测技术，实现对主城区垃圾堆放、人流密度等问题的智能监测和管理。

当事件上报至综合管理平台后，平台根据事件的现场照片、文字信息、监控视频、地理坐标等信息对事件进行画像，分析事件的关键属性，将历史派单信息和日常增量派单信息存储至深度学习数据库。通过深度学习模型和人工选择反馈的反复训练，完成对简单事件快速派单处置。在处理复杂事件时，综合管理平台根据深度学习结果，提出事件处理牵头部门的推荐意见、处理建议，以及需要参与人员的名单推荐意见等处置指导意见，辅助管理部门进行科学决策。

使用无人机定期巡检，在巡检结果与环境卫生数据标准进行比对分析后，如果发现问题，平台能及时将垃圾监测预警信息以多种方式智能推送给相关人员。

平台可对图像信息进行实时扫描并与数据库进行比对，发现违章建筑新信息后，平台会提供多种方式展示预报警信息，将预警信息以多种终端方式智能推送给相关人员，并由综合业务管理系统统一处理。

平台可基于城区主要入口的固定摄像头系统，识别非认证渣土车车牌并自动报警；同时，利用无人机紧急升空进行跟踪，对目标车辆进行警示、驱离，或对正在发生违法行为的车辆进行拍照取证。

4.产业全景雷达

基于企业（人才）综合服务平台数据、智慧园区精细化运营管理与物联网平台数据、信用数据、政务数据以及其他业务系统数据等多渠道来源数据，从经济发展、产业变迁、企业表现等多方面展示区域经济态势，深入分析产业结构影响因素，辅助政府落地区域经济一体化改革中的各项政策，协助企业根据经济敏感点和产业新动向发展核心竞争力。

全景显示园区产业板块信息、竞争力雷达图、发展进化史和结构风控，显示园区企业数、产值、固定投资等数据的变化、趋势曲线，展示园区就业机会、薪资水平、高端人才需求等变化趋势。

通过产业地图的直观展示，显示具体区域、楼宇的税收、产值情况，以及其内部入驻的企业信息、人员数量、能耗信息等，实现对地区产业分布的全景展现。

在三维地图上定位企业所在楼层位置，显示企业详细信息、综合评分雷达图异动指数，根据企业 DNA 精准智能匹配产业政策及园区服务，实现园区一网通办。

5. 民生安全与智慧社区网格管理

结合公安、交通、消防、医疗市政等多部门实时数据，实现对管辖区域内"人、车、地、事、建筑"的全面监控，辅助公安部门综合掌控大范围城市治安态势，形成统一高效、互联互通、协同共享的智慧监管体系。

构建民生服务"一张图"，覆盖重点人员监控、独居老人关怀、楼宇安全事件监测、人员聚集预警等，实现城市综合治理。

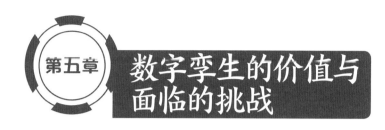

第五章　数字孪生的价值与面临的挑战

第一节　数字孪生的价值

一、促进数字经济与实体经济融合，加快产业升级

习近平总书记在致 2023 中国国际智能产业博览会的贺信中指出："中国高度重视数字经济发展，持续促进数字技术和实体经济深度融合，协同推进数字产业化和产业数字化，加快建设网络强国、数字中国。"当前，在创新、协调、绿色、开放、共享的新发展理念指引下，以新一代信息技术为代表的新兴技术突飞猛进，加速推动着经济社会各领域的发展变革。在推动形成以国内大循环为主体、国内国际双循环相互促进的新发展格局背景下，数字经济在推动经济发展、提高劳动生产率、培育新市场和产业新增长点、实现包容性增长和可持续增长等诸多方面，都发挥着重要作用。党的二十大报告指出，要"加快发展数字经济，促进数字经济和实体经济深度融合，打造具有国际竞争力的数字产业集群。"这为数字经济与实体经济融合发展带来了重大机遇。

数字孪生作为一项关键技术和提高效能的重要工具，可以有效发挥在模型设计、数据采集、分析预测、模拟仿真等方面的作用，助力数字产业化、产业数字化，促进数字经济与实体经济融合发展。产业发展中的转型升级，不仅是技术问题或管理问题，也不仅是商业交换问题或商业模式问题，而是一种新的价值模式问题，需要重新定义一个价值体系和产业结构。数字孪生系统和智能供应链不仅是在技术层面，更多的是在为企业创造价值、为企业转型、为企业找到新的价值模式层面发挥现实作用。

二、贯通工业生产信息孤岛，释放数据价值

当前，工业生产已经发展到高度自动化与信息化阶段，在生产过程中产生了大量信息。但是，信息的多源异构、异地分散特征易形成信息孤岛，使信息在工业生产中无法发挥出其应有价值。

数字孪生为工业生产的物理对象创建了虚拟空间，将物理设备的各种属性映射到虚拟空间中。工作人员通过在虚拟空间中模拟、分析、预测，仿真复杂的制造工艺，实现产品设计、制造和智能服务等的闭环优化。数字孪生是未来数字化企业发展的关键技术，在产品设计、试验、工期、成本、工艺、质量、安全控制等方面体现出很大的价值。

三、统筹协调系统内外部变化，实现资源、能源优化配置

目前，数字孪生制造系统已经成为制造业的研究热点，实现不同产品生产过程的资源、能源优化配置成为当前的迫切需求。数字孪生制造系统与传统制造系统相比，具有生产要素多样，生产路径动态配置，人、机、物自主通信，以及自组织和数据支撑的决策等特点。

实现资源、能源的优化配置需要制造系统各部件具有自主智能功能，并能通过群体协商寻求全系统稳定配置参数，保持各自部件利益最大化；要求决策系统能够对外部环境变化及内部故障进行实时动态重分配与平衡；需要生产系统根据内部条件和外部环境的变化，对内部实行新的组合，实现生产系统自身结构和功能的不断创新演进。面对个性化定制生产中出现的生产要素多样、资源配置复杂问题，需要对生产过程中资源、能源的组织行为和组织形态动态变迁进行有序处理，以实现生产资源、能源的优化配置。

在数字孪生制造系统资源、能源优化配置过程中，系统的复杂性程度越大，制造过程的不确定性越大，制造系统的资源、能源优化配置困难程度越大。数字孪生制造系统中资源、能源利用耗散理论进行优化配置：首先将混乱无序的生产资源进行机器间关联，然后根据算法将关联设备按订单需求进行串联，形成有序化排列，再利用优化仿真进行生产预测，构建出资源分配与生产效益之间的定性映射关系数学模型，最终形成有序化资源、能源配置（图5-1）。

数字孪生与传统的仿真技术都具有资源优化的功能，但是传统的仿真技术通常只是物理实体在数字空间的单向静态映射，主要用于提升产品设计的效率、降低物理测试成本。相比于仿真技术，在物联网、人工智能、大数据分析等新兴技术的加持下，数字孪生对于资源优化有着更深远的帮助。

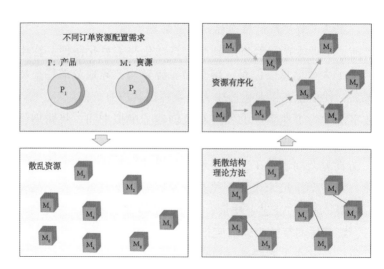

图 5-1　资源、能源优化配置

1. 双向

数字孪生能够对真实物理产品、设备或过程动态和持续更新，甚至能对物理产品实施控制，改变产品的状态。这让很多原来由于物理条件限制、必须依赖真实的物理实体而无法完成的操作变得可行，从而实现对产品、设备或过程的相关要素资源的优化，并进一步激发数字化创新。

2. 持续

数字孪生和物理产品之间的互动是不间断的，贯穿产品的全生命周期，在一定程度上数字孪生可以直接描述对应实体对象的状态。更重要的是，数字孪生可以帮助人们更深入地辨认发生的事件（如质量、故障），理解发生原因，对未来可能发生的事件提供预测，从而降低企业进行产品创新、模式创新所面临的成本及风险，并且持续推动产品优化，改善客户体验，推动企业创新行为。

3. 开放

通过数字孪生收集到的海量数据，单靠企业自身的力量来分析和挖掘其中的价值是困难的，企业需要将数据对第三方开放，借助外部合作伙伴的力量充分挖掘数字孪生的价值。

4. 互联

数字孪生的意义还包括价值链上下游企业间的数据集成以及价值链的端到端集成，其本质是全价值链协同。产品数字孪生作为全价值链的数据中心，为了实现全价值链的协同，不仅需要上下游企业间进行数据集成和数据共享，还需要上下游企业间进行产品协同开发、协同制造和协同运维等。

四、实现全要素数字化，推动新型智慧城市建设

根据第七次全国人口普查结果，截至 2020 年 11 月 1 日零时，我国人口已经超过 14 亿。人口的急剧增加与高速的城市化发展带来的交通拥堵、治安恶化、大气污染、噪声污染等多种"城市病"正严重影响着我们的生活。城市过大，在短时间过多人口集中到城市，不可避免地产生就业率降低、交通拥堵、犯罪率增加、环境恶化、淡水和能源等资源供应紧张等现实问题。这些问题和矛盾在一定程度上制约了城市的发展，加剧了城市政府的负担，使城市政府陷入了困境。

智慧城市建设发展已近十年，各城市还在摸索中前进。事实上，智慧城市面临技术和非技术的两大瓶颈，仍旧困难重重。所谓技术瓶颈，表现在基于云计算和互联网的聚合式的模式创新比较成功，而基于物联网、大数据、人工智能、区块链、量子通信等技术的原始创新极度缺乏，未出现可"定乾坤"的应用。各功能模块有机融合的整体架构未能实现，创新只停留在表面，城市运行和治理的水平有量的提升，但没有质的改变。所谓非技术瓶颈，表现在智慧城市建设所需的庞大资金问题一直没有找到有效的解决之道，政府和市场边界不好划分，工程周期长、投入大，充满变数，企业盈利和资本回报前景模糊，观望踟躇之下，推进效果可想而知。此外，彰显"智慧"所必需的资源共享与业务协同机制也一直没有建立起来，信息打通仍困难，协同共治难以实现。两大瓶颈悬而未决导致智慧城市建设的推进疲态尽显、停滞不前，现有的建设发展模式亟待突破。

数字孪生城市通过将物理世界的人、物、事件等全要素数字化，在网络空间再造一个与之对应的虚拟世界，形成物理维度上的实体世界和信息维度上的数字世界同生共存、虚实交融的格局。物理世界的变化通过传感器精准、实时地反馈到数字世界，数字化、网络化实现由实入虚，网络化、智能化实现由虚入实，虚实互动，持续迭代，实现物理世界的有序运行。数字孪生城市将推动新型智慧城市建设，在信息空间上构建的城市虚拟映像叠加在物理空间上，将极大地改变城市面貌，重塑城市基础设施，形成虚实结合、孪生互动的城市发展新形态。借助更泛在、普惠的感知，更快速的网络，更智能的计算，一种更加智慧化的新型城市将得以创建。

数字孪生城市不仅赋予了城市政府全局规划和实时治理的能力，更带给所有市民能感受到的品质生活体验。

1. 提升城市规划质量和水平

数字孪生城市执行快速的"假设"分析和虚拟规划，可迅速摸清城市"家底"，把握城市运行脉搏；在规划前期和建设早期了解城市特性，评估规划影响，可以避免在不切实际的规划设计上浪费时间，防止在验证阶段重新进行设计，以更少的成本、更快的速度，推动创新技术支撑智慧城市顶层设计落地。

2. 推动以人为核心的城市设计，实现智慧城市建设协同创新

数字孪生城市关注城乡居民出行轨迹、收入水准、家庭结构、日常消费等，对相关数据进行动态监测并纳入模型实现协同计算；同时，通过在信息空间预测人口结构和迁徙轨迹、推演未来的设施布局、评估商业项目影响等；优化智慧城市建设并评估其成效，辅助政府在信息化、智慧化建设中进行科学决策，避免走弯路或重复、低效建设。

3. 节省市民出行时间总成本

数字孪生城市可以第一时间感知路况，进行事故报警、拥堵分流，为市民消除设备安全隐患；通过全城治安事件实时监测为市民带来关怀，提高市民安全感。

4. 营造更加文明的社会风气

对于践踏草坪、非机动车占用机动车道、非机动车逆行等行为，数字孪生城市可以将其在线推送到城市监督部门并予以曝光，有效地发挥警示作用，提升全民文明风气。

第二节 数字孪生面临的挑战

一、数据相关的挑战

数字孪生的核心是模型和数据，建立完善的数字模型是第一步，而加入更多的数据才是关键。要想充分发挥数字孪生技术的潜能，数据的存储、数据的准确性、数据的一致性和数据传输的稳定性还需取得更大的进步。同时，将数字孪生应用于工业互联网平台时，还会面临数据分享的挑战。

在数字孪生工具和平台建设方面，当前的工具和平台大多侧重某些特定的方面，缺乏系统性考量。从兼容性角度来看，不同平台的数

据语义、语法不统一，跨平台的模型难以交互；从开放性角度来看，相关平台大多形成了针对自身产品的封闭软件生态，系统的开放性不足；从模型层面来看，不同的数字孪生应用场景由不同的机理和决策模型构成，在多维模型的配合与集成上缺乏对集成工具和平台的关注。数字孪生在数据相关方面面临多方面挑战。

（一）多维度、多尺度数据采集一致性不足

数据采集的对象涉及物理数据、几何数据、时间数据等，其尺度或计量单位的一致性较难实现。如构建实物的三维模型的坐标与计量单位不一致，会导致不同模型之间无法融合，需要增加数据接口与编写数据翻译器；在工厂的生产计划数据采集过程中，不同时间单位的生产计划数据会导致数字孪生模型出现数据读取错误。

针对同一对象，多维虚拟模型采集的数据格式不一致或参数类型、数量不对等，同样会导致不同模型在数据融合时出现问题，以致不能进行交互。

在数据采集周期方面，生产设备的数据产生一般以毫秒计，而用采集的数据来驱动数字孪生模型时，往往需要放大时间尺度，否则模型的仿真运行压力过大，会导致系统崩溃。

（二）数据传输的稳定性不足

无论是数据采集还是下达指令，数据的实时传输过程都存在数据丢失的风险。特别是工业生产车间，对数据传输的稳定性、可靠性具有极高的要求。传统无线通信网络数据传输的稳定性和可靠性水平，难以满足数字孪生实时交互的客观需求。

（三）数据的准确性不能保障

数字孪生系统的输入数据包含不同来源渠道，如不同信息系统、不同社会主体、不同统计路径等，受数据录入方式、数据来源渠道、数据统计方式以及信息系统数据维护错误等影响，数据的准确性难以得到保障。

（四）海量数据的存储与处理能力欠缺

部分数字孪生应用场景不强调数据的及时处理，但需要进行海量数据的存储与加工。如复杂产品的故障诊断和预防性维修，需要对不同数据源的海量数据进行存储和大数据分析，对数据的存储能力和计算能力提出了挑战。

数字孪生系统各项功能的实现非常依赖高性能的计算能力，对系

统所搭载的云计算平台优化数据结构、算法结构，并配套足够的算力，对部署在终端的边缘计算平台综合考量算力和功耗的平衡，均是数字孪生系统层面需要面临的挑战。而在服务层面，如今用户所需的人工智能基础设施不足、人工智能应用方案成本过高等，也是亟待解决的问题。

（五）通信接口协议及相关数据标准不统一

在构建数字孪生模型以及不同维度模型集成的过程中，需要在不同系统和设备之间完成不同类型数据传输和交互。因此，建立通信接口协议、形成数据标准、统一数据语义及代码，是建立完善的多维数字孪生平台的基础。现有不同系统和设备的通信接口协议和数据标准不统一，是构建数字孪生面临的较大挑战。

（六）数据的分享与开放机制不完善

将数字孪生应用于工业互联网平台，或基于第三方云服务平台建立数字孪生模型时，将面临数据分享和开放的挑战。目前数字相关的分享机制和服务体系建设还不够完善，不同主体之间的数据分享存在较大的安全隐患和利益冲突，难以满足数字孪生对于数据开放共享的相关需求。

（七）多源异构数据难融合

数字孪生需要将物理空间所有数据和信息进行数字化表达，形成统一的数据载体，并实现数据挖掘分析和决策。这些数据涉及空间模型、互联网信息、物联网实时感知、专业知识、音频、视频、文本等，如何将这些多源异构多模数据集成、融合和统一管理，是数字孪生要解决的问题之一。

二、基础知识库相关的挑战

从数据中挖掘知识，以知识驱动生产管控的自动化、智能化，是数字孪生技术应用研究的核心思想。如数据挖掘技术可应用于故障诊断、流程改善和资源配置优化等。将挖掘得到的模型、经验等知识封装并集成管理，也是数字孪生技术的关键内容之一。

知识资源一部分可由实体资源直接提取获得，包括静态工艺机理知识、设备数字化模型等；另一部分需通过数据处理、信息挖掘分析后间接获得，包括产品质量评估模型、故障诊断模型、复杂工艺过程辨识模型等。

在实际应用中，数字孪生技术所需的基础知识库发展仍面临众多问题，其挑战主要来自以下几个方面。

（一）多尺度融合建模的挑战

现实中的复杂系统往往很难建立精确的数理模型。目前的建模方法大多基于统计学算法将数据转化为物理模型的替代品，模型的可解释性不足，难以深度刻画或表征物理实体的机理。如何将高精度传感数据与物理实体的运行机理有效深度结合，获得更好的状态评估和系统表征效果，是构建准确数字孪生模型的关键之一。

高层次的数字孪生系统往往需要对大量不同物理实体进行建模，在将这些不同尺度的模型融合为一个综合的系统模型时，需增加不同模型间的数据接口及数据翻译器，解决模型参数及其格式不一致的问题，这同样是在数字孪生建模过程中面临的挑战。

（二）系统层级方面体现在数字化、标准化、平台化的缺失

1. 各层级的基础知识库匮乏

设备、单元层：从分析预测阶段向自主控制智能化分析探索，对基础知识库提出海量的数据需求，以作为人工智能引擎的"燃料"。

车间层：向分析预测阶段演进，对基础知识库提出算法驱动的需求。

企业层：停留在基础的数据融合阶段，对基础知识库提出融合共享的需求。

2. 层级之间的基础知识库互联互通存在障碍

由于目前知识库的数据结构和模型没有统一的标准，多模型互操作难。数据语义、语法不统一问题造成知识资源出现冗余或缺漏。

3. 基础知识库的整体架构有待探索

标准化的知识图谱体系尚需探索。企业知识内化的数字化不足，使基础数据采集困难，进而导致后期的数据提炼、分析以及产生知识的效果欠佳。企业内部知识平台建设滞后，在全局层面需要与仿真建模精度相适应的基础知识库平台。

（三）生命周期方面（设计、制造、销售、物流、服务等）体现在结构化、传承性、规划性的缺失

1. 各环节的自身基础知识库匮乏

大量传统非数字化的基础知识需要转化为数字形态，如人工经验、纸质文档等。历史数据、流程日志往往有所缺失，难以有针对性地加以回溯。非结构化的数据需要转化为结构化数据，如声音、视频、互联网文档等需要进行结构化处理。

2. 各环节的基础知识库互联互通障碍

由于目前知识库的数据结构和模型没有统一的标准，而生命周期各阶段往往由不同单位实施，数据传承性差。

3. 对未来缺少前瞻性规划

高级别的知识管理可以在生产过程中根据具体情境自动提供必要的信息，要实现这一目标必须保证有非常好的数据质量和分析能力。这样做的主要优点是可以缩短培训时间，使知识体系集成在生产过程或生命周期中。

（四）价值链应用价值不足、兼容性差、盈利模式不明

1. 产业链的挑战

产业链涉及各种不同职能的主体，通过建立数字孪生产业链能够实现这些主体跨区域、跨行业、跨企业、跨部门的高效协同与资源优化配置。但目前数字孪生产业链尚处于碎片阶段，各主体联系不够紧密，数字化程度较低。

2. 各类知识库相互孤立

知识管理从商业、知识协同和技术流程等多角度出发，没有进行统一的表达、组织、传播和利用。

3. 基础知识库的商业价值不确定

知识库在人类公共资源和个别团体知识产权之间存在利益冲突。公众期望基础知识库的宽泛，而企业倾向于知识产权封闭。建立基础知识库的投资者盈利前景不明确。

三、安全相关的挑战

数字孪生以仿真技术为基础，在智能制造、智慧城市建设等方面都将发挥重大推动作用。随着全球各大企业数字化转型的深入发展，数字孪生已经成为制造企业发展新质生产力的解决方案。数字孪生技术实现了虚拟空间与物理空间的深度交互与融合，其连接关系建立在网络数据传输的基础之上，数字孪生的应用使得企业原有的封闭系统逐渐转变为开放系统，在其与互联网加速融合的过程中势必面临一系列网络安全挑战。当前，数字孪生在安全方面的挑战主要分为两个方面。

（一）数据传输与存储安全

实现数字孪生技术的应用涉及数据传输与存储，在数据传输过程中会出现数据丢失和网络攻击等问题，具体体现在各原料供应商与制造商之间的模型交付过程、制造商与用户之间的模型交付过程和数字

孪生系统本身虚实交互过程。

数字孪生系统在应用过程中会产生和存储海量的生产管理数据、生产操作数据和工厂外部数据等。这些数据的存储方式有云端、生产终端和服务器等，任何一个存储方式出现安全问题都可能带来数据泄密风险。

（二）制造系统控制安全

在数字孪生制造系统中，往往需要实现资源自组织和工艺自决策。但是，由于虚拟控制系统本身可能会存在各种未知安全漏洞，易受外部攻击，进而导致系统紊乱，向物理制造空间下达错误的指令。因此，数字孪生制造系统涉及的安全问题主要有下达错误的数据信息指令对生产安全带来的安全隐患和虚拟控制系统受网络工具影响存在的保密数据泄漏隐患这两个方面。

四、商业模式相关的挑战

面向新一代信息技术与制造业深度融合，数字孪生为实现物理世界与信息世界交互与共融，制造工业全要素、全产业链、全价值链互联互通而生。数字孪生在现实工业场景中已经具有了实现和推广应用的巨大潜力，但经产业要素重构融合而形成的商业模式形态还不完善。

（一）数字孪生多技术融合

数字孪生是一项综合性技术，其融合了数据采集处理、数字模型、PLM产品全生命周期、大数据分析、CPS信息物理系统、工业互联网等多种技术。当前，数字孪生基础理论及相关技术有待融合突破，设备泛在接入、工业通信协议适配、异构系统集成、虚实融合等核心关键构件有待研发，多协议数据转换、海量异构数据汇聚、感知数据驱动、数字孪生精准映射等关键技术有待突破，以促进数字孪生应用。目前，在多技术融合之下，数字孪生的商业模式还不能得到充分保障，当今制造业数字化转型正处于突破性时刻。

（二）数字孪生多领域应用

虽然数字孪生的应用领域已经从早期的航天军工到目前的装备制造，城市、园区建设，交通、物流组织等，逐步延伸到了更广阔的领域，但是在汽车制造、飞机装备等特定行业还需要进行更大范围、更加复杂的综合场景应用。

（三）数字孪生多场景应用

数字孪生涉及的行业有待继续拓展。目前，数字孪生得到实际应用的行业少之又少，其主要集中在智慧城市、智能制造等行业，在其他行业仍停留在概念及原型设计的阶段。另外，数字孪生大规模应用的场景也比较有限，即使是在已经投入实际应用的个别行业中，数字孪生更多是为单一小场景或单个系统服务，如单一建筑或单个机器的数字孪生体，还没有得到大规模场景应用。

在制造业中，数字孪生技术贯穿了产品生命周期中的不同阶段。数字孪生以产品为主线，在产品生命周期的不同阶段引入不同的要素，形成了不同阶段的表现形态。设计阶段的数字孪生需要提高设计的准确性，验证产品在真实环境中的性能；制造阶段的数字孪生需要利用数字孪生加快产品导入时间，提高产品设计的质量，降低产品的生产成本，加快产品的交付速度；服务阶段的数字孪生需要结合大量的传感器，采集产品运行阶段的环境和工作状态，改善产品的使用体验，实现远程监控和预测性维修。

（四）数字孪生产业链待形成

面向多智能制造行业、多部署环境，数字孪生综合集成技术，面向"人机料法环"融合，实现跨区域、跨行业、跨企业、跨部门高效协同、资源优化配置，其数字孪生产业链各方主体尚属于碎片阶段，产业链仍待形成。

未来，将以数字孪生建设过程中形成的模型、规则、方法、工具和标准为依托，联合制造业、上下游相关专业合作伙伴共建多级平台与系统化应用，在制造业全产业链各专业领域形成应用场景，实现设备、用户、设备商数字化打通，创造成熟的产业化、生态化商业应用模式，提供"平台＋产品＋服务"的服务型制造新模式，实现不同行业的产销融合、协同制造、服务延伸和智能决策，不断催生新业态、新模式、新产业。

五、人才相关的挑战

（一）核心软件技术由国外人才主导

数字孪生技术发展潜力巨大，吸引了全球许多企业参与，美国和德国等发达国家成为数字孪生应用的领跑者。凭借在工业软件、仿真系统方面的技术领先，以及在传统工控网络、通信等方面的标准话语权，他们逐渐成为数字孪生的主导力量。例如，XMPro 积极参与美国工业互联网联盟的建设，独自提出了数字孪生参考架构；围绕孪生工具的能力，Bentley开发了完整的工具体系，可以为基础设施提供从建模、仿真到AEC系统化的数字孪生化服务，成为基础设施领域的领先企业；西门子美国公司从PLM转型数字孪生驱动的工业软件解决方案，到2019年基本形成了自成体系的数字孪生认知。

当前，各个行业的大量软硬件系统由国外企业提供，核心软件技术由国外人才主导，使得国内企业在使用时存在通信协议及标准不统一、不开放，数据采集难，系统集成差等诸多问题，为数字孪生技术推广与应用造成较大困难。

（二）需要标准化研究专业人才

数字孪生在落地应用过程中缺乏标准的指导与参考。虽然国际标准化组织自动化系统与集成技术委员会（ISO/TC 184）、IEEE数字孪生标准工作组（IEEE/P2806）、ISO/IEC信息技术标准化联合技术委员会数字孪生咨询组等组织正在开展数字孪生标准体系的研究，但尚未有统一的数字孪生具体应用标准发布，这也就导致了集成系统时存在一定的困难。

当前，我们需要培养数字孪生标准化研究相关专业人才，着重针对共性基础标准、行业应用标准等进行研究。梳理基础共性标准、关键技术标准缺失情况，补充人员能力标准；在行业应用标准中，确立各行业未来标准研制的重点方向，指导细分行业开展智能制造标准体系建设。

六、多系统融合的挑战

数字孪生作为一种实现物理实体向信息空间数字化模型映射的关键技术，通过充分利用布置在物理系统各部分的传感器，对物理实体进行数据分析与建模，形成多学科、多物理量、多时间尺度、多概率的仿真，将物理实体在不同真实场景中的全生命周期过程反映出来。数字孪生的多系统特性既反映在物理空间中，也反映在虚拟空间中，在数据、模型和交互各环节里均有表达。

1.物理世界多系统融合

数字孪生融合物理世界与数字世界，是一个多维系统的融合。首先面临的是物理世界的多系统挑战。据统计，制造业现在的设备数字化率约为47%，局域联网率只有40%，可接入公网的只有20%左右，底层OT跟IT的融合仍然是极其核心的基础性问题。

其次是企业管理及其架构的挑战。企业内部业务全面集成管控水平不高，跨企业协同难度较大，"上云"以后无法进行资源综合优化配置，进一步制约了数字孪生技术的深入应用。

2. 数据采集

数据是实现数字孪生的关键基础，其主要通过传感器及分布式传感网络对物理设备数据进行感知获取。数字孪生数据采集的基本要求包括数据来源可靠、数据传输实时、多源数据同步，以及数据采集具有容错性等。目前的传感器网络普遍缺乏实时性、同步性和容错性，难以满足数字孪生系统的要求。

3. 数据传输

在数据传输环节，目前通用的网络传输协议（如TCP/IP）基于"尽力传输"的思想，难以保障数字孪生对数据传输的实时性要求。数据拥塞可能导致数据丢失，进而影响数字孪生的可信度和可靠性，使得数字孪生的整个系统处于不稳定状态。同时，数据具有多模态、高重复性和规模庞大等特征，如何开展高效、精确的大数据分析，避免实时数据对历史数据的覆盖，实现知识的高效管理、智能分析和可靠决策，也是一个需要进一步解决的问题。

4. 模型构建

在模型构建环节，数字孪生也面临重大挑战。物理空间的复杂系统往往很难建立精确的数理模型，目前的建模方法大多基于统计学算法，模型的可解释性不足，难以完整阐释系统特性。如何将高精度传感数据与物理实体的运行机理有效深度结合，是当前面临的重要问题。

5. 交互与协同

交互与协同是数字孪生的关键环节。虚拟实体通过传感器数据监测物理实体的状态，实现实时动态映射，再在虚拟空间通过仿真验证控制效果，并通过控制过程实现对物理实体的操作。VR、AR、MR是以沉浸式体验为特征的人机交互技术，如何将它们结合到数字孪生架构中，为虚拟模型、物理实体和人的深度信息交互与协同提供支持还存在挑战。

如今，VR、AR、MR技术本身存在很多亟待突破的瓶颈。面对复杂的数字孪生系统，VR、AR、MR技术难点有两个：一是如何布置大量的高精度传感器采集系统的运行数据，为虚拟呈现提供必要的数据支撑；二是如何将虚拟内容叠加至现实空间，并提供沉浸式的虚实交互体验。

七、互联互通互操作的挑战

（一）数据歧义

多源异构感知数据、业务运营类数据形成"数据烟囱"，相互不通，导致无法支撑同一业务场景或作业流程中的数据流。例如在应急处置场景下，若感知终端预警数据、应急人员定位数据、应急资源分布数据、处置流程跟踪数据相互无法打通，则较难闭环化支撑事前预测、事中综合指挥、事后复盘分析。

（二）数据关联性不明确

因数据使用方没有清晰的数据使用需求，会导致主数据不一致问题。例如房管系统的楼栋房间编号和业务出租的房间号不一致，用地规划地块编号与施工阶段编号、交付社区阶段编号不一致，导致较难拉通土地、房产经营数据分析。

业务属性关联性不明确。例如智慧城市整合地物数据和要素分类，由于规划逻辑或生产经营逻辑的分类标准不一致，导致同一单体属性数据无法拉通。

（三）数据可用性低，质量较差

这个世界每时每刻都在产生大量的数据，但很多业务机构对数据在预处理阶段不太重视，导致数据处理不规范，数据可用性低、质量差、不准确，需要花大量时间进行清洗和去噪。

第六章

数字孪生的发展展望

第一节 数字孪生政策导向

国家对数字孪生相关技术的重视程度在不断提高，未来必将出台更多鼓励人工智能、云计算、大数据等技术深度发展的政策，这将进一步推动数字孪生不断走向成熟。同时，国家仍将继续推进企业数字化转型的进程，并加速数字经济与实体经济的深度融合。在经济支持政策和技术支持政策的双重红利下，数字孪生也将愈加完善，最终造福国家和人民。

我国从一开始就十分注重数字孪生技术的发展与应用，多次发布了数字孪生方面的相关政策和要求。

一、2020 年相关政策

2020 年 8 月 21 日，国务院国资委办公厅印发《关于加快推进国有企业数字化转型工作的通知》，推动新一代信息技术与制造业深度融合，鼓励运用 5G、云计算、区块链、人工智能、数字孪生等技术构建新型 IT 架构模式，提升核心架构自主研发水平。

2020 年 9 月 8 日，国家发展改革委、科技部、工业和信息化部等四部门联合印发《关于扩大战略性新兴产业投资培育壮大新增长点增长极的指导意见》（发改高技〔2020〕1409 号），提出加快数字创意产业融合发展，建设一批数字创意产业集群，推动 VR 旅游、AR 营销等多元化消费体验。

2020 年 9 月 14 日，教育部办公厅印发《关于开展"网上重走长征路"暨推动"四史"学习教育的工作方案》（教思政厅函〔2020〕11 号），提出线上充分运用 AI、VR 等新技术，搭建网络竞答、虚拟体验等新媒体平台。

2020 年 10 月 10 日，工业和信息化部、应急管理部印发《"工业互联网 + 安全生产"行动计划（2021—2023 年）》，支持工业企业、重点园区在工业互联网建设中应用数字孪生技术，提升安全生产管理能力。

2020 年，甘肃省、广东省、江苏省等地也出台了相关政策，推动数字孪生技术在特色农产品、文化旅游、中医中药、数字创意、智慧健康养老、智慧城市等领域的应用。

二、2021 年相关政策

2021 年 12 月 21 日，工业和信息化部、国家发展和改革委员会、教育部等八部门联合印发《"十四五"智能制造发展规划》，强调构建面向装备全生命周期的数字孪生系统，推进基于模型的系统工程（MBSE）规模应用。

三、2022 年相关政策

2022 年 3 月，水利部印发《数字孪生流域建设技术大纲（试行）》等文件，明确了数字孪生流域的具体建设内容，细化了技术要求，推动数字孪生技术在水利领域的应用，提升水资源调配决策能力。

2022 年 3 月 28 日，工业和信息化部、国家发展和改革委员会、科学技术部等六部门联合印发《关于"十四五"推动石化化工行业高质量发展的指导意见》，推动数字孪生等技术在石化化工行业的创新应用。

2022 年 12 月，水利部印发《数字孪生流域数据底板地理空间数据规范（试行）》，加快构建数字孪生流域，提升水利治理管理数字化水平。

四、2023 年相关政策

2023 年 8 月 29 日，工业和信息化部办公厅、教育部办公厅、文化和旅游部办公厅等五部门联合印发《元宇宙产业创新发展三年行动计划（2023—2025 年）》，推动构建虚实结合的产线数字孪生体，打造工业元宇宙虚拟装配空间。

2023 年 6 月 20 日，水利部党组书记、部长李国英在黄河小浪底水利枢纽召开的数字孪生水利建设现场会上强调，水利部要在数字孪生流域建设、数字孪生水网建设、数字孪生工程建设、业务应用体系建设以及网络安全工程建设等五个方面，大力推进数字孪生水利建设。

五、2024 年相关政策

2024 年 1 月 11 日，水利部党组书记、部长李国英在全国水利工作会议上强调，要大力推进数字孪生水利建设，坚持需求牵引、应用至上、数字赋能、提升能力，加快构建数字孪生水利体系，为水利治理管理提供前瞻性、科学性、精准性、安全性支撑。

全面提升水利监测感知能力。实施"天空地"一体化监测感知夯基提能行动，全面提升水利对象全要素和治理管理全过程智能感知能力。强化资源共建共享，按照数字孪生需求加快完善水利行业各类技术标准规范。

大力推进数字孪生流域建设。全力推进七大流域数字孪生整体立项建设。完成水利专业模型平台研发及水文、水动力学、水资源、土壤侵蚀、泥沙动力学、水生态环境、水利工程调度等模型集成应用，推动人工智能大模型算法落地应用，提升"2+N"智能业务水平。进一步加强算力建设，同步提高数字孪生水利安全防护能力和水平。

大力推进数字孪生水网建设。推进第一批国家水网重要结点工程数字化改造，深化南水北调东中线数字孪生应用，推进水网先导区数字孪生建设，初步构建省级数字孪生水网平台，提升科学精准安全调度水平。加快数字孪生农村供水、数字孪生灌区、数字孪生蓄滞洪区建设。

大力推进数字孪生工程建设。迭代优化三峡、小浪底、丹江口、岳城、尼尔基、江垭皂市、万家寨、南四湖二级坝、大藤峡、太浦闸等数字孪生成果。推进全口径在建水利工程数据库建设。积极推进新建工程竣工验收同步交付数字孪生工程。

2024年4月1日，水利部印发《关于推进水利工程建设数字孪生的指导意见》，明确到2025年，新建大型和重点中型水利工程普遍开展信息化基础设施体系、数字孪生平台和业务应用体系建设，实现对水利工程建设过程动态感知、智能预警、智慧响应，数字孪生工程与实体工程同步验收、同步交付。水利工程建设数字孪生相关技术标准体系基本建立。推进有条件的中小型水利工程开展数字孪生建设。

到2028年，各类新建水利工程全面开展信息化基础设施体系、数字孪生平台和业务应用体系建设，水利工程建设数字孪生相关制度和技术标准体系更加完善，数字化、网络化、智能化管理能力显著提升。

这些政策和要求旨在促进数字孪生技术在中国的广泛应用和发展，推动制造业数字化转型，促进数字经济高质量发展。

第二节 数字孪生技术发展展望

数字孪生低代码、零代码技术应用，将会使数字孪生更加广泛地应用于各行各业。数字孪生低代码、零代码技术是在数字孪生技术基础上，利用低代码的开发模式进行数字孪生应用程序的快速构建和连接。低代码的开发模式利用可视、可拖拽、可配置的组件和自动生成代码等技术，使开发者无须深入掌握复杂的编程技术，只需通过拼装组件和配置参数，就能快速构建数字孪生应用程序。数字孪生低代码技术可以使数字孪生应用开发更加高效，降低了应用开发的门槛，帮助更多领域的人才参与到数字孪生应用的开发中。

数字孪生低代码、零代码要想具体实现，首先需要在数字孪生平台上建立物理系统的模型，并采集实时的数据，将模型进行真实性验证；然后采用低代码、零代码的方式，创建应用程序的前端和后端逻辑，最终在数字孪生平台上实现应用程序。在这个过程中，数字孪生平台通常提供多种快速构建和连接的组件与功能，以及 UI 和数据可视化工具，以帮助搭建完整的应用程序（图 6-1）。

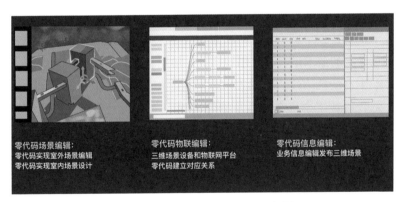

零代码场景编辑：
零代码实现室外场景编辑
零代码实现室内场景设计

零代码物联编辑：
三维场景设备和物联网平台
零代码建立对应关系

零代码信息编辑：
业务信息编辑发布三维场景

图 6-1 数字孪生零代码前、后端编辑

数字孪生低代码、零代码的实现通常需要以下能力的支撑。

1. 3D 建模和可视化技术

数字孪生需要 3D 建模和可视化技术支撑，以便用户可以更加直观地了解物理系统在不同条件下的运行状态。实现从场景、地图、事件、物体、界面、控件等方面快速完成 3D 场景搭建、3D 城市建模、物联数据接入，其丰富的模型工具覆盖全交付周期，无须开发即可快速完成数字孪生场景搭建（图 6-2）。

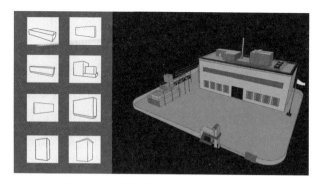

图 6-2　强大的模型库及场景搭建能力

2. 大数据处理技术及数据底座

数字孪生需要处理的数据类型多样,包括结构化和非结构化数据,需要大数据处理技术及数据底座支撑。基于 GIS 数据底板,无缝融合倾斜射影、白膜、3D、BIM、CAD 等图形,应用数据中心库,提供数据清洗、数据治理、数据服务等功能,进行多源异构数据的汇聚、处理、互通、分析、使用。其中,数据来自政务、企业、经济、自然、物联、传感等方面。

3. 人工智能

低代码数字孪生需要具备数据分析和预测能力,这需要利用人工智能技术,通过大量历史数据的积累与应用,根据场景与需求,总结各种应用场景下的需求逻辑和应用规律,令使用者能够简单快捷地使用。

4. 丰富的能力库、工具库、中间件、专题库及其扩张融合能力

低代码数字孪生需要丰富的能力库、工具库、中间件、专题库及其扩张融合能力的支撑。低代码数字孪生基于区块链技术,将个人、节点等数据储存在网络应用上,通过大数据应用能力及数据融合能力形成用户编辑能力(图 6-3、图 6-4)。

图 6-3　零代码模型库

图 6-4 零代码地图模板

第三节 数字孪生在产业应用中的挑战与展望

随着数字孪生的普及，更多企业能够发掘各类数据的潜在价值，并据此构建更精细、动态的数字化模型。因此从长远来看，数字孪生的应用一方面将发展广度，即数字孪生将被应用到更多的行业中，服务更多的场景；另一方面将发展深度，即数字孪生将贯穿具体产业的整条产业链，全面覆盖上下游各类主体，帮助产业进行数字化转型。

数字孪生技术概念面向的并非静止对象和单向过程，而是动态的演进过程和具有周期性生命的事件。所以应用在行业领域场景时，其不仅是静止的地物实景三维模型，而且包括了行业领域建设过程的呈现、管理，各行业运行过程中基于各类物联网数据的动态时空演绎，以及自然地物的变迁生态进程。准确地说，数字孪生的是时空。

数字孪生不仅追求数字重现，更重视仿真背后的数据分析。数字孪生越来越注重数据接入的实时性，以及数据与人工智能结合后对数据背后逻辑和规律的探寻。

智慧化的最终表现结果是从操作、预测判断、决策指导等方面提供全方位的帮助，而这一切的底层逻辑是在大数据分析基础上，应用人工智能，通过自我学习、仿真推演，形成有效的预测决策指导人们的行为，并通过一列化机械化、自动化的人性化固定框架，输出外在体现。

各行各业在深入挖掘数字孪生应用潜力的同时，也提出了数字孪生行业应用发展的方向。在汽车自动驾驶、航空航天、智能制造、智慧交通、智慧城市等领域，数字孪生在深层应用上遇到了不少的挑战，也找到了未来发展的方向。

一、汽车自动驾驶

（一）面临的挑战

全球汽车产业正在发生日新月异的变化，智能网联汽车产业的成熟标志着制造、技术、市场、配套的高水平集成，产业化的新赛道已经形成，竞争异常激烈。在当前科技快速发展的背景下，自动驾驶技术作为人工智能领域的一大热点，正引发广泛关注和热烈讨论。自动驾驶不仅预示着未来出行方式的根本性变革，还承载着提升道路安全、优化交通效率的重任。随着交通场景仿真的参数化和泛化，自动驾驶仿真的测试过程和工况几乎是无边界的。无论汽车是否在实际运行，都可以反复测试，方便发现和定位问题。

虽然现阶段的研究已经形成了高度开放的数字孪生自动驾驶测试能力，也建立了友好开放的测试验证环境，支持各种自动驾驶算法实验，为自动驾驶相关研究提供开放的测试服务，但是仍然面临一些难点问题。

1. 测试成本

目前的自动驾驶测试系统尚未完成，但已经产生了高昂的测试成本，这对汽车制造商来说是一个非常大的挑战。对于汽车制造商来说，最重要的问题是如何实现效益最大化和成本最小化。通过数字孪生建立高效低成本的测试环境、结构化的测试流程和强大的测试标准，将是降低测试成本的有效途径。

2. 测试灵活性

汽车的自动驾驶系统涵盖摄像头、激光雷达、毫米波雷达等各种传感器、处理器和控制器；虚拟测试环境也不再是单一场景，需要满足多车驾驶测试方案的要求。这就要求测试环境不仅要支持单车测试，还要支持多车同时行驶，对数字孪生测试环境提出了更高的要求。

3. 测试系统推进

未来，汽车自动驾驶技术解决方案必将面临巨大的变革，测试系统也需要平稳地适应技术进步。在测试过程中，数字孪生系统中的车辆、行人、路况、交通标志等必须保持稳定有序，同时必须增加对象数量，并不时进行系统升级。

（二）应用展望

在未来推广数字孪生汽车自动驾驶虚拟环境测试系统时，使用开放式模拟接口控制基于代码的交通场景是未来的一大趋势。目前，自动驾驶测试环境的利用率还没有那么高，未来的研究课题将围绕测试平台的推广进行。未来需要大量、全面的市场调研，以准确把握市场需求，制定合理的市场推广计划，包括科研成果转化方法、产品推广应用方法、产品定价等。还需要制定合理的产品开发计划，建立软硬件一体化数字孪生自动驾驶测试平台。

通过联合汽车制造企业、汽车供应商、科研机构等建立数字孪生自动驾驶测试系统，共同攻克其技术难关，逐步形成自动驾驶测试系统共识，推动自动驾驶测试行业发展。面向车企、汽车供应商、科研机构推出数字孪生自动驾驶测试平台。采用联合单位会员制，低成本使用，共同开发；对于非联合单位，采用检测服务按次收费、平台年费或永久授权费。建立完整的"售前咨询—平台建立—检测服务—售后维护"团队和体系，进行检测平台适应性调整和售后问题的收集、解决。

持续跟踪记录数字孪生自动驾驶测试平台的外部使用情况，建立使用信息数据库，并根据使用数据进行比对。对数字孪生自动驾驶测试系统进行模块化、平台化效果评估，完成数字孪生自动驾驶测试系统的针对性提升，实现"平台建立—跟踪回访—迭代升级"的闭环开发模式。

二、航空航天

（一）面临的挑战

尽管数字孪生在航空航天领域有着广泛的应用，但仍存在一些技术挑战。以航空发动机气路系统为例。基于认知加工创新和产业化水平的进步，航空发动机数据分析正向全方位、多层次、可视化方向发展，发动机参数分析范围从发动机部件延伸到整体，从发动机状态监测延伸到整体健康管理。数据分析也从传统的集成转变为结合了大量数据、方法和模型的数字孪生过程。目前，发动机状态监测和授权数字电控系统的故障检测、定位基本可以完成，但分析发动机整体健康状况的方法有限，这也是世界各国学者面临的重大挑战。

在过去的十年里，随着工业软件制造商的努力，中国的各个行业，包括航空航天工业，已经熟悉了数字孪生的概念，并熟悉了数字孪生的研发应用，但熟悉的深度和广度还有很大的提升空间。飞机的生命周期可以达到几十年，因此记录和分析整个生命周期的数据不仅有价值，而且是必要的。基于文档的部门协作模型必须转变为基于数字孪生的数字协作模型，这给相关行业带来了巨大的挑战。

关于数字孪生的使用，最好的概括是构建和维护大量超现实的模型和数据，它们最能够在整个生命周期中通过实时仿真预测产品行为。这些模型根据不同的应用情况以多种比例和示例构建，集成了多个方面，反映了真实的产品生命周期。当把数字孪生部署到产品全部生命周期时，它将跟踪影响产品运行的所有参数信息，包括初始设计和进一步改进与制造相关的偏差，以及从机载结合交通健康监控系统的传感器数据中可以获得的所有航空数据。

利用完整的数字孪生技术，可以建立大量的超现实模型和数据，包括数字产品模型、数字制造模型、数字性能模型等，实时、双向、透明、系统地考虑设计、制造和性能。还可以控制和缩短开发周期，否则随着研发难度的增加，延迟交付的风险会越来越大。此外，只有全数字化才能突破性能设计的瓶颈。

（二）应用展望

在航空航天领域，数字孪生的使用已经显示出令人印象深刻的优势。借助物理实体模型的构建和相关数据的应用，不仅可以减少飞机认证测试的次数和持续时间，消除意外的裂缝和故障，还可以减少对飞机整体结构维护检查的频率，实现前所未有的经济实惠、安全可靠。然而，数字孪生技术目前缺乏系统、通用的参考模型指导，未来在数字孪生模型优化的相关研究方面还有很长的路要走。此外，数字孪生将逐步向虚拟化和集成化发展。这两个也是未来研究的主题。

虚拟化——数字孪生的完整性对于其在工业领域中的应用是否成功至关重要。每个物理模型都有一个特定的模型，常用的模型如流体力学、结构力学、热力学、应用力学、疲劳损伤、材料状态演化模型等，这些模型能否实时反映在数字孪生模型中是数字孪生技术能否顺利实施的关键。

集成化——模型与关键数据在产品各个阶段和数字孪生的双向交互能否实现，决定了数字孪生技术能否成功应用。这一突破的实现需要其他技术支持，数字孪生的愿景需要与其他先进技术相结合才能实现。

2023 年，SpaceX 团队耗时几个月，将一些现成的软件和工具用代码重新编制结合起来，最终完成了一套让猎鹰系列火箭和"星舟"

原型机能够实现设计上快速迭代的数字孪生系统。通过这套系统，SpaceX 的工程师可以一边构建火箭模型，一边快速评估整体模型的可行性，最终研发的"星舟"SN24 从位于美国得克萨斯州博卡奇卡的基地（Starbase）发射成功。

三、智能制造

（一）面临的挑战

尽管许多智能生产施工技术越来越成熟，智能制造技术越来越普及，但是实现车间设备生产过程的高效智能实时监控仍然是研究的重点。目前，工业生产已经发展到高度自动化、信息化的阶段，但仍存在许多问题需要改进和优化。例如，许多工厂对信息系统的建设完成程度不同，系统之间的渠道没有完全打通，存在大量的信息孤岛，存在数据管理不完善、数据标准不一致等问题。具体来说，工厂生产的产品多样化、个性化，直接导致需要更加频繁地进行产品设计和工艺变更，给生产、采购、仓库、质量带来巨大压力。

此外，工厂在多品种产品小批量生产方面也存在亟待解决的问题，例如一些多品种、小批量的离散生产模式限制了车间生产线规模化生产和智能化改造的步伐。有些工厂设备陈旧，许多环节仍以人工操作为主，而如果工厂过于依赖人工操作，将导致自动化和智能化程度无法提升。

数字孪生平台在工业产品的设计和生产中起着非常重要的作用。在当前高度信息化、一体化的工业生产模式中，生产线发生意外故障会导致整条生产线停产，而一条高度精细化的汽车生产线停产将会带来巨大的损失。对于一些特殊工艺生产线，如高温高压下的化工生产线，停产甚至会带来严重的安全隐患和衍生灾害。借助数字孪生平台，依靠大规模数据的帮助进行设备诊断、生产过程模拟、设备状态模拟，可以有效减少现场故障和生产异常的发生。

在工业产品设计过程中，如果没有数字化的帮助，设计一个产品要经过多次迭代，既消耗资源，又影响交付时间。在高度集成的工业生产线设计中，可以基于精确的生产节奏对设备、材料、质检、人工装配等进行优化协调，提高整体效率，而传统的规划只能依靠实际生产线中的手动模拟进行验证。

（二）应用展望

未来几年，数字孪生的发展趋势将不断增强。越来越多的制造商开始利用数字孪生技术来改进程序，生成实时数据库，并开始寻找机会修改并创新服务、产品和业务的方法。制造业将慢慢成为数字孪生技术应用的先驱。从长远来看，要充分发挥数字孪生技术的潜力，需要整合生产系统所有的子系统和数据，建立对产品生命周期或供应链的完整数字化仿真，提供有见地的宏观操作建议，将外在物质融入内在数字生态圈。现在，大多数制造商仍然对超越点对点连接的外部连接持观望态度，克服这种犹豫可能是一场长期的战斗，但最终所有的努力都将是值得的。未来，企业有望利用区块链技术打破信息孤岛、验证信息。这将释出大量以前无法访问的数据，使模拟更加详细，创造不可估量的价值。

目前，数字孪生与5G在制造业上已有一些相对成熟的应用案例，例如车间状态信息显示与分析管理、机电产品设计优化、机床故障预测与健康管理等方面。然而，数字孪生技术目前仍然处于起步探索阶段，实现各领域平台间的数字孪生融合交互应用还需要时间。预计在进入6G时代后，数字孪生融合应用有可能步入活跃期，此时的工业数字孪生将不再局限于智能工厂的概念，而将形成面向未来社会的数字孪生新形态：战略上，基于市场数据的实时动态分析，制定与更新工业生产、储存和销售方案，保障工业生产利益最大化，实现产业高度融合，有效协调和优化整个工业界的所有业务活动；技术上，以数据和模型为基础，运用人工智能、大数据、6G、云计算、边缘计算等技术，形成人、机、物协同的智慧制造模式。

四、智慧交通

（一）面临的挑战

数字孪生城市是在城市数据积累由量变向质变转变的背景下，在感知建模、人工智能等信息技术取得重大突破的背景下，建设新型智慧城市的全新技术路径，是城市智能化、可持续运营的新兴技术路径和先进模式。然而，面对当前城市管理的诸多挑战，如何突破传统智慧城市的桎梏，逐步向数字孪生城市转型升级，是一个值得思考的问题。

数字孪生城市的核心是模型和数据，建立完整的数字模型是一个关键的起点。从目前传统智慧城市建设的应用来看，各个领域还存在数据碎片化情况。一般来说，城市至少需要三张"底图"，即住房和城乡建设体系推动的城市信息模型平台、以自然资源和土地规划为主导的时空大数据平台、基于公安政法体系的城市安全与综合治理城市底图。每个底图自成系统，一般只支持本系统中的应用程序，其他部门不能按需随时调用。经过长时间的积累，各系统很难被放弃和整合，这使得实施城市交通模拟过程变得更加具有挑战性。

事实上，在数字孪生工具和平台的构建方面，目前的工具和平台大多侧重于某些特定方面，缺乏系统性的考虑。但打造城市规划、建设、管理全过程可视化，采集城市"脉搏"数据，反映城市及时运行情况，可以为信息资源的共享、整合、有效利用，以及跨部门业务协同提供根本性解决方案。数字孪生技术具有巨大的潜力。

（二）应用展望

随着信息技术的不断迭代，5G 标准完善，商用网络获得建立，大带宽、高速度、低时延的网络进一步赋能数字孪生智能交通系统。一方面，5G 网络使车辆在高速运动中安全可靠地通信成为可能，确保了车路协同自动驾驶、车辆编队自动驾驶、远程自动驾驶等功能的实现。另一方面，5G 网络协同了物联网和人工智能，使交通系统具备了"连接万物"的能力，让数字孪生能够从物理世界"迁移"出人、车、路等交通要素。

在数字世界中，交通数据得到了极大的丰富，让智慧交通的"数字化""网络化""智能化"得以真正落地。虽然数字孪生是智慧交通的前沿趋势，但与真正的全球管理、同步可视化、虚实交互的数字孪生交通系统之间仍存在一定差距。在技术变革和升级需求的推动下，数字孪生催生了智慧交通发展的新思路、新方法、新理念，未来将最终形成完整的技术运营体系。

随着 6G 等前沿通信技术与端云协同计算技术的发展，数字孪生的实时性能得到有效提高，甚至可以在不依赖高精度地图的情况下实时对未知区域进行建模。通过改进行为模拟和预测算法，可以使行为预测的推演更加准确，甚至可以一次推导出多个平行世界。随着车联网技术的发展，仿真系统能够覆盖更多类型的交通参与者和更复杂的场景。如何仿真得更好，是一个值得研究的方向。

在实时决策和个人远程控制方面，对整个孪生系统的要求也会更高。例如，数据是否可以即时安全地传输到云端和后端；通过态势感知，控制命令是否可以即时安全地传回物理世界。这个过程必须足够快地完成，同时数据传输过程需要安全稳定，区块链等相关技术将是令这些信息闭环过程安全稳定的解决方案。

五、智慧城市

数字孪生城市是城市信息化建设不断发展的产物，是城市信息化发展的高水平阶段。实体城市对应的数字孪生城市充分利用前期形成的全市大数据，为城市综合决策、智能化管理、全局优化提供平台、工具和手段。

随着各地数字孪生城市的探索与落地，智慧城市建设也将进入新的发展阶段。未来，关于数字孪生城市的技术创新、产业发展、标准规范制订等将迎来快速发展期，呈现物理城市和数字城市并行共生的新发展格局。

（一）面临的挑战

数字孪生城市从概念培育逐步走向建设实施，各项支撑技术日渐成熟，但仍面临着供应链安全性不足、数据支撑不足、应用深度不足、产业联动不足和标准支撑不足等问题。

数字孪生城市中所涉及的操作系统、中间件、数据库、建模工具、仿真软件、三维可视化软件、定制化开发软件等相关软件亟待集成形成完整的软件供应链，以为数字孪生城市提供融合的软件服务。国产软件供应链存在的风险主要来自开源安全漏洞、软件供应链攻击、开源技术"断供"、知识产权纠纷等。

目前，在城市时空数据管理、数据共享与交换、城市基础设施数字化、动态数据应用、数据安全使用等方面都存在一定程度的困难，给数字孪生城市的发展带来挑战。

数字孪生城市技术复杂度高，城市级异构大数据汇集、跨行业、跨领域应用尚未成熟，算法模型与动态数据融合不深，数字空间的仿真、态势预测等价值远未得到释放，快速分析与辅助决策能力不足，关键技术融合应用有待加强。

目前，数字孪生城市的各相关领域依然处在"政府主导，企业各自为战"的阶段，产业联动不足。迫切需要用技术进步带动科技产业发展，推动整个社会参与数字孪生下的城市治理，服务数字经济发展。

标准对数字孪生城市具有多方面的引导和支撑作用，但当前数字孪生城市相关的标准研究仍处于起步阶段，标准缺失问题较为突出。在项目落地上，缺少建设实施类标准参考，地方"不会建、不会用"；数据标准各厂家独立成套，难以互联互通。

（二）应用展望

1. 数字孪生将成为智慧城市建设的技术底座

数字孪生城市将成为智慧城市发展新阶段的核心底座之一，为城市构建虚实共生的数字基础设施。当下，数字孪生城市已经从概念培育期加速走向建设实施期，随着物联感知、BIM 和 CIM 建模、可视化呈现等技术的加速应用和融合，万物互联、虚实映射、实时交互的城市数字孪生将成为赋能城市数字化转型、提升长期竞争力的核心抓手。

目前，多地已出台指导政策。如北京市发布的《北京市"十四五"时期智慧城市发展行动纲要》提出，要"加强市大数据平台汇聚、共享、开放等服务能力建设"，"积极探索建设虚实交互的城市数字孪生底座"；上海市发布的《上海市全面推进城市数字化转型"十四五"规划》提出，要"加快推动城市形态向数字孪生演进，逐步实现城市可视化、可验证、可诊断、可预测、可学习、可决策、可交互的'七可'能力，构筑城市数字化转型'新底座'"。

2. 数字孪生将在智慧城市中迎来深度应用

2017 年以来，数字孪生城市相关产业快速发展，市场规模不断扩大，以城市大脑、城运中心、城市信息模型、城市数字孪生运营管理为主的相关领域市场迅速升温。据数据统计，2021 年数字孪生城市相关公开招投标数量已有 200 多个，金额近百亿，较上年有了大幅增长。随着建设工作的不断进行，数字孪生城市作为政府数字化转型的新型基础设施和城市运营赋能平台，以各类时空基础数据、三维模型数据、业务系统数据、物联网传感器数据为基础，结合云渲染、API 场景调用中间件、数据中台等服务，通过数据全域标识、状态精准感知、数据实时分析、模型科学决策、智能精准执行，实现城市的模拟、监控、诊断、预测和控制，解决城市规划、设计、建设、管理、服务闭环过程中的复杂性和不确定性问题，全面改善城市物质资源、智力资源、信息资源配置效率和运转状态，提升数字孪生城市的内生发展动力。

未来更多的信息管理系统将会与三维信息模型进行信息嫁接，实现从平面到立体、从二维到三维、从静态到动态的升级。同时随着数字孪生城市技术的不断发展，实景三维的准确度也将进一步提升，实现城市从精准映射到智能操控的升级演变；深入城市治理的方方面面，实现城市治理的快速升级。

3. 数字孪生将形成跨行业协作生态共融

围绕数字孪生城市建设，跨行业协作生态共融已成为必然趋势。数字孪生城市的建设以城市为数字孪生主体，是一个涉及多尺度空间、多领域、跨部门的复杂系统工程。早期智慧城市建设中，各个部门的信息化系统都局限在组织内部，呈现纵向形式，跨部门的应用难以互通。而随着数字化转型的不断开展，城市数据源"多点开花"，来自企事业单位的数据逐渐成为城市管理的重要组成部分，新需求的不断刺激也促进了智慧城市行业高速发展、数据治理水平不断提高。

数据融合、技术融合和业务融合推动数字孪生城市产业链上下游的多元主体在竞争中发展出共生关系，生态共融正成为行业共识。数字孪生城市以推进城市精细化治理为总体目标，融合社会各方的技术力量、人才力量，通过政府、企业、社会合作，共同构建数字孪生产业联盟，打造集约化平台，形成可复制的智慧城市一体化解决方案，培育数字孪生生态圈。一般而言，政府搭建开放合作平台，各大ICT企业主导生态建设，空间信息、BIM模型、模型仿真、人工智能等各环节技术服务企业积极参与，同时运营商、技术提供商、集成商、设备供应商等产业链上下游企业及其他行业伙伴全面激活，联合打造数字孪生城市场景应用，初步形成共建数字孪生城市底座与开放能力平台的生态化发展模式。

六、其他领域

数字孪生在其他不同领域中的应用已经十分广泛，并已开展更深层次的研究。

在医学脑肿瘤研究领域，可以利用半监督支持向量机（S3VM）在脑图像融合数字孪生体中进行特征检测、诊断和性能预测，其可以针对脑图像中大量未标记数据提出一种半监督SVM。同时，通过增强AlexNet模型，可以利用数字孪生模型将实际空间中的大脑图像映射到虚拟空间。尽管脑肿瘤图像具有复杂的边缘结构、伪影、偏移场和影响图像分割等缺陷，但数字孪生在医学领域中的应用完成了脑肿瘤精准治疗的关键步骤，真正满足了临床需求，在脑肿瘤的后续临床诊疗中极为重要。

在互联网研究领域，如无人机在5G/B5G（超5G）移动和无线通信中的应用和限制方面，可根据通信标准提出深度学习算法，在深度学习的基础上开发无人机数字孪生消息传递路径模型，协调多点传输技术进行干扰抑制研究；并可以采用物理层安全的基本算法保证信息传输的安全性，对构建的模型进行仿真和分析。

另外，数字孪生机器或系统的精确虚拟副本正在悄悄地改变行业。在从传感器收集的实时数据的驱动下，这些复杂的数据模型几乎反映了项目、程序和服务的各个方面。随着数据库的建立和数字孪生技术的提高，许多大公司都使用数字孪生来发现问题并提高效率，改变以前仅能依赖人工检测的局面，真正改变行业业务管理行为。

随着大数据、物联网、工业互联网和智能控制技术的快速发展，数字孪生作为一种新型技术广泛应用于生活的方方面面，助力数字产业化和产业数字化，最终将推动实体经济向前发展。

术语
汇编

[1] 数字孪生体（Digital Twin）：将物理实体或过程与其数字表示相联结的技术。这种技术通过监测和收集物理实体的数据，例如传感器数据、运行数据和条件数据，生成数字模型，并将其连接起来以实现实时监测、分析和优化。数字孪生体旨在为其物理对应物提供高度精确的数据和仿真，并可以进行预测性维护、优化和模拟，从而潜在地提高效率、安全性、可靠性和可持续性。数字孪生体应用场景广泛，如智能家居、智能制造、智能城市、智能建筑等。

[2] 元宇宙时代：元宇宙的发展和普及所带来的新时代。随着虚拟现实技术、人工智能技术、区块链技术和云计算技术的不断发展，元宇宙正在成为一个新的数字世界，并将成为人们日常生活、工作和娱乐的重要场所。在元宇宙时代，人们可以通过虚拟现实设备进入元宇宙，与其他用户进行互动和交流，参与到各种虚拟的活动和体验中。同时，元宇宙也将成为一个全新的经济体系，其中包括虚拟货币、虚拟资产、虚拟商品和服务等，将为用户提供更加多样化和自由的经济活动方式。元宇宙时代还将为教育、艺术、文化和娱乐等领域带来新的机遇和挑战，人们可以在元宇宙中参与到全新的学习、创作、欣赏和娱乐活动中，推动文化和艺术的创新和发展。

[3] 美国国家航空航天局（National Aeronautics and Space Administration, NASA）：成立于 1958 年，是美国政府直属的一个研究机构，总部位于华盛顿特区，在全球范围内负责开展航空、航天科学研究和技术开发并执行太空探索任务，例如人类登月计划和国际空间站等。NASA 的主要任务包括推动科学技术的发展，了解地球和宇宙的运动和组成，探索太空，以及在行星保护和安全等领域提供支持。NASA 与其他政府机构、私营企业和国际伙伴合作，推进航空和航天领域的技术和知

识的发展，并加深人们对宇宙的了解。

[4] 传感器：检测和测量物理量、化学量、生物量等信息并将其转换为可用的电信号或其他可识别形式的设备或装置。传感器可用于各种不同的领域，例如环境监测、医疗设备、工业自动化、消费电子、交通运输和航空航天等。

[5] 数字孪生映射算法（Digital Twin Mapping Algorithm）：建立物理系统与其数字孪生之间映射关系的算法。数字孪生映射算法对物理系统的数据进行处理和分析，将其转化为数字孪生所需的数据格式，并建立物理系统与其数字孪生之间的映射关系。这样，就可以实现在数字孪生中对物理系统的实时监测、模拟和分析，为实际物理系统的优化和维护提供支持。数字孪生映射算法通常基于机器学习和数据挖掘技术，通过对实际物理系统的数据进行分析和处理，提取出其中的特征和模式，并将其用于数字孪生的构建和优化。这种算法需要大量的实际数据进行训练和优化，因此数据质量和数据采集的准确性对其精度和效果有着至关重要的影响。

[6] 三维仿真（3D Simulation）：使用计算机技术对现实世界中的三维场景、物体、过程等进行虚拟化模拟的过程。三维仿真可以模拟现实世界中的物理现象、力学运动、流体流动、光线传播等，以及人类行为、交通流、城市规划等复杂系统的运行过程，还可以提供有效的可视化工具，分析、预测和优化现实世界中的各种问题。三维仿真通常需要使用专业的三维建模软件和计算机图形学技术，将现实世界中的物体、场景等转化为三维数字模型，并通过对模型的运动、变形、碰撞等进行模拟，以理解现实世界中的各种物理现象和系统运行过程。

[7] 系统架构：对复杂系统进行划分、组织和管理的设计方案。系统架构可以将复杂的系统划分为多个子系统，并确定各个子系统之间的关系和接口规范，确保系统的高效运行和维护。

[8] 数字孪生全域标识（Digital Twin Spatial Identifier）：数字孪生系统中的重要概念，用于唯一标识数字孪生系统中的各个实体对象。数字孪生全域标识可以看作是数字孪生系统中的"地址"，用于定位和访问数字孪生系统中的各个对象，通常由头部、主体和尾部三个部分组成。其中，头部用于标识数字孪生系统的类型和版本信息；主体用于标识具体的实体对象；尾部用于标识实体对象的版本信息。数字孪生全域标识的格式可以根据具体需求进行定义和调整。

[9] 数字孪生建模技术：数字孪生系统中的关键技术，通过使用计算机辅助设计和仿真软件，对现实世界中的物理系统进行建模和仿真，以实现数字孪生系统的真实感和准确性，包括三维建模技术、物理仿真技术、数据分析技术、人工智能技术等。

[10] 数字孪生可视化技术：将数字孪生系统中的数据和建模结果通过可视化手段展现出来，以实现数字孪生系统的可视化呈现和交互，主要包括三维可视化技术、虚拟现实技术、数据可视化技术、人机交互技术等。

[11] 虚拟现实技术（Virtual Reality，VR）：一种计算机技术，通过将人工生成的虚拟环境与人的感官系统结合起来，营造一种身临其境的感觉，使用户感觉自己置身于虚拟环境中。

[12] 机器人技术：涉及多学科的技术，包括机械、电子、计算机科学和人工智能等，用于设计、制造和运用机器人系统。

[13] 地理信息系统（Geographic Information System，GIS）：涉及多学科的技术，包括地理学、测绘学、计算机科学、数据库和统计学等，用于捕捉、存储、管理、分析和展示地理空间信息的系统。

[14] 边缘计算（Edge Computing）：分布式计算模型，将计算和存储资源放置在网络边缘接近数据源头的位置，或者是设备、传感器、无人机等物理设备上，以便更快地处理数据，减少数据传输延迟和网络带宽压力，提高数据安全性和隐私性。

[15] 云计算（Cloud Computing）：以互联网为基础的计算模型，通过网络提供计算资源和服务，包括计算、存储、网络、应用等服务。

[16] 大数据（Big Data）：因数据量大、复杂、多样化和高速增长而难以用传统方法处理的数据集合，主要涉及大数据来源、存储、分析和应用等方面。

[17] 人工智能（Artificial Intelligence，AI）：模拟人类智能和学习能力的计算机技术，可以通过大数据、机器学习、深度学习等技术实现对数据的分析、推理、决策和自我学习等，主要包括机器学习、深度学习、自然语言处理和计算机视觉处理等。

[18] 区块链（Blockchain）：去中心化的分布式账本技术，使用密码学技术将交易记录按照时间顺序链接起来，形成一个不可篡改的分布式账本，主要涉及区块链网络、区块链节点、区块链协议、区块链应用等。

[19] 机理建模（Mechanistic Modeling）：基于物理、化学、生物等基础科学原理，通过建立数学模型来描述和预测自然界中现象和过程的方法。

[20] 知识建模（Knowledge Modeling）：将知识结构化、抽象化、形式化，以表达和记录知识的过程。

[21] 数据建模（Data Modeling）：将现实世界中的数据抽象化和形式化，以表达数据之间的关系和规则的过程。

[22] 制造执行系统（Manufacturing Execution System，MES）：用于监测、控制和优化制造过程的计算机系统，连接了企业资源计划（ERP）系统和现场自动化系统（如 PLC、DCS 等），将生产计划转化为实际的生产过程，并提供实时的生产数据及其分析功能，以支持制造业的生产管理和决策。

[23] 企业资源计划（Enterprise Resource Planning，ERP）：集成企业管理软件的系统，涵盖了企业各个部门的业务数据和业务流程，包括财务、采购、销售、库存、生产等。ERP 系统通过一个统一的信息平台，将企业内部各个部门的信息资源进行整合和共享，以提高企业的管理效率和决策水平。

[24] 分布式控制系统（Distributed Control System，DCS）：用于控制工业过程的计算机系统，可以对工业生产过程中的各种参数进行监测和控制，包括温度、压力、流量、液位等。DCS 通过分布式控制节点，将生产过程中的控制任务分配到各个控制节点上，并通过网络进行通信和协调，以实现对整个生产过程的集中控制和管理。

[25] 建筑信息模型（Building Information Modeling，BIM）：数字化的建筑设计和管理工具，基于三维建模技术，可以对建筑物的设计、施工、运营等各个环节进行模拟和管理。BIM 模型不仅可以展示建筑物的外观和内部结构，还可以对建筑物的功能、工程、质量、安全等进行全方位的模拟和管理。

[26] 智能交通系统（Intelligent Transportation System，ITS）：利用先进的通信、信息和控制技术，对交通运输系统进行智能化管理和优化的系统。ITS 利用物联网、无线通信、卫星导航、传感器等技术，将交通实体的信息数字化，实现交通实时监测、智能交通控制、智能交通信息服务、智能交通安全等功能，以提高交通运输系统的效率和安全性、减少拥堵和污染、改善交通运输服务质量和用户体验。

[27] 车路协同：车辆和道路之间通过信息交互，实现更加智能、高效、安全的交通系统。车路协同实现的关键在于交通信息共享和交互，让车辆和道路能够更加紧密地协作，实现更好的交通管理和出行体验。

参考文献

[1] CHEN W, 鲍媛媛 . 面向 6G 的智能物联网关键技术 [J]. 中兴通讯技术 , 2021, 27(2): 6–12.

[2] 大唐移动通信设备有限公司 . 全域覆盖·场景智联：6G 愿景与技术趋势白皮书 [EB/OL]. (2021–11–24)[2023–11–30]. https://www.ambchina.com/data/upload/image/20211124/6G 愿景与技术趋势白皮书——全域覆盖·场景智联 .pdf.

[3] 韩将星 . 6G 时代数字孪生在无线电监测站的应用研究 [J]. 通信技术 , 2021, 54(2): 352–362.

[4] 刘青 ，刘滨 ，张宸 . 数字孪生的新边界：面向多感知的模型构建方法 [J]. 河北科技大学学报 , 2021, 42(2): 180–194.

[5] 陶飞 ，刘蔚然 ，刘检华 ，等 . 数字孪生及其应用探索 [J]. 计算机集成制造系统 , 2018, 24(1): 1–18.

[6] 中国电子技术标准化研究院 ，树根互联技术有限公司 . 数字孪生应用白皮书（2020 版）[EB/OL]. (2020–11–11)[2023–11–30]. https://pdf.dfcfw.com/pdf/H3_AP202011231431940763_1.pdf?1606214310000.pdf.

[7] 中国信息通信研究院 . 数字孪生城市白皮书 (2020 年)[EB/OL]. (2020–12–17)[2023–11–30]. http://www.caict.ac.cn/kxyj/qwfb/bps/202012/P020201217506214048036.pdf.

[8] 中国信息通信研究院 . 数字孪生城市典型场景与应用案例 (2020 年) [EB/OL]. (2020–12–18)[2023–11–30]. http://www.caict.ac.cn/kxyj/qwfb/ztbg/202012/P020201218505065762275.pdf.

[9] 中国移动通信研究院 .C–RAN 无线接入网绿色演进白皮书 [EB/OL]. (2011–10–10)[2023–11–30]. https://googlegroups.com/group/

gnuradio-usrp-ch/attach/d1a4191c0206bcdd/C3RAN 白皮书中文版_V1%2013.pdf?part=0.2.

[10] 中国移动通信有限公司研究院, 中移物联网, 华龙讯达, 等. 数字孪生技术应用白皮书 (2021 年)[EB/OL]. (2021-12-08)[2023-11-30]. https://13115299.s21i.faiusr.com/61/1/ABUIABA9GAAg3qCjjQYogKP2_wU.pdf.

[11] 中国移动通信有限公司研究院. 2030+ 愿景与需求白皮书（第二版）[EB/OL]. (2021-04-08)[2023-11-30]. http://www.future-forum.org.cn/cn/leon/a/upfiles/file/202104/20210408160848494849.pdf.

[12] BARRICELLI B R, CASIRAGHI E, FOGLI D. A survey on digital twin: definitions, characteristics, applications, and design implications[J]. IEEE Access, 2019, 7: 167653-167671.

[13] FRÄMLING K, HOLMSTRÖM J, ALA-RISKU T, et al. Product agents for handling information about physical objects[EB/OL]. (2003-11-28)[2023-11-30]. https://www.cs.hut.fi/Publications/Reports/B153.pdf.

[14] GRIEVES M. Digital twin: manufacturing excellence through virtual factory replication[EB/OL]. (2015-04-20)[2023-11-30]. https://www.researchgate.net/publication/275211047_Digital_Twin_Manufacturing_Excellence_through_Virtual_Factory_Replication.

[15] PENGNOO M, BARROS M T, WUTTISITTIKULKIJ L, et al. Digital twin for metasurface reflector management in 6G terahertz communications[J]. IEEE Access，2020, 8: 114580-114596.

[16] SHAFTO M, CONROY M, DOYLE R, et al. Modeling, simulation, information technology and processing roadmap[EB/OL]. (2015-07-24)[2023-11-30]. https://www.researchgate.net/publication/280310295_Modeling_Simulation_Information_Technology_and_Processing_Roadmap.

[17] SUN W, ZHANG H, WANG R, et al. Reducing offloading latency for digital twin edge networks in 6G[J]. IEEE Transactions on Vehicular Technology, 2020, 69(10): 12240-12251.

[18] TUEGEL E. The airframe digital twin: some challenges to realization[EB/OL]. (2012-06-14)[2023-11-30]. https://arc.aiaa.org/doi/epdf/10.2514/6.2012-1812.

[19] WANG K, YANG K, MAGURAWALAGE C S. Joint energy minimization

and resource allocation in C–RAN with mobile cloud [J]. IEEE Transactions on Cloud Computing, 2018, 6(3): 760–770.

[20] ZHOU C, YANG H, DUAN X, et al. Concepts of digital twin network[EB /OL]. (2020–07–12)[2023–11–30]. https://datatracker.ietf. org/doc/pdf/draft–zhou–nmrg–digitaltwin–network–concepts–00.